新疆羊（母）

小尾寒羊（母）

蒙古羊（母）

滩羊（公）

杜泊羊（黑）

白萨福克羊（公）

特克赛尔羊（公）

无角道赛特羊

波德代羊（公）

湖羊（公）

甘肃高山细毛羊（母）

河西绒山羊

脾肿大、柔软，切面呈黑色，结构不清

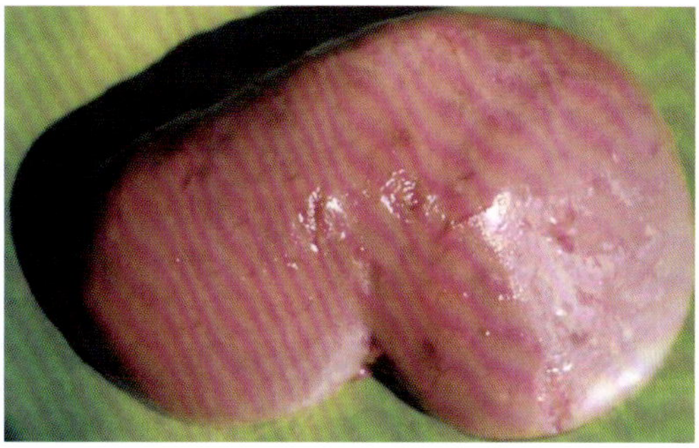

肾肿大、淤血、出血、变性，表面有灰白色坏死灶

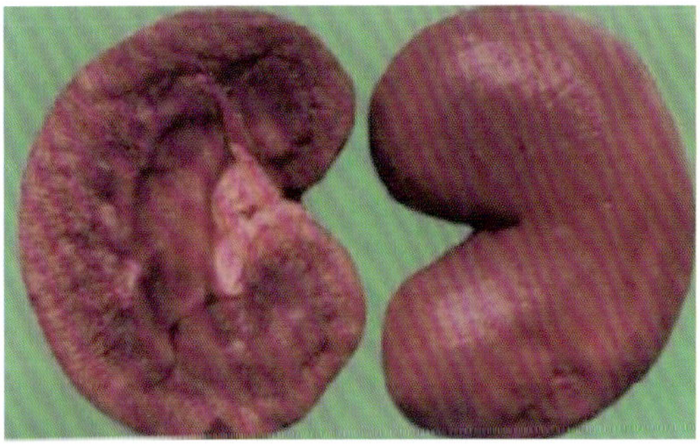

肾淤血

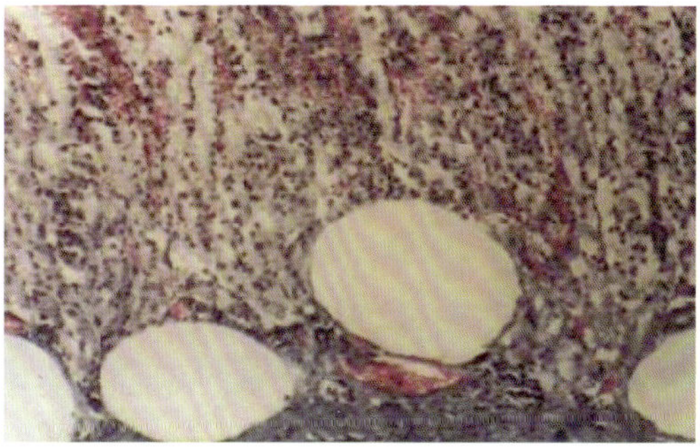

胃黏膜组织充血

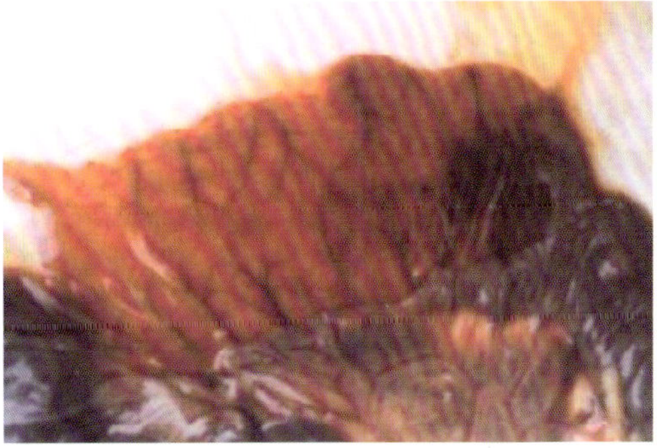

肠壁潮红、肠内容物鲜红

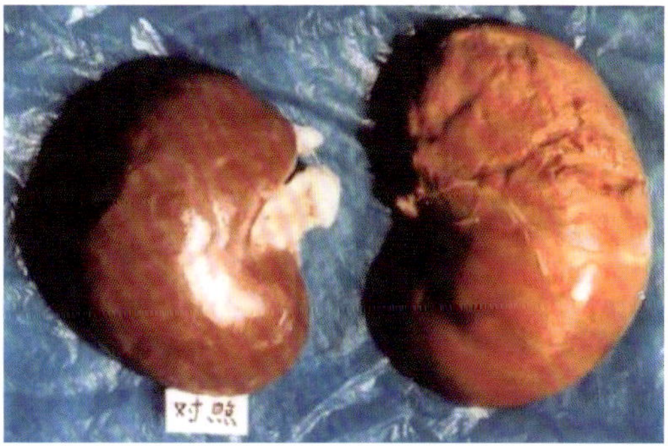

肾软化，肾实质呈稠糊状并与被膜粘连（右），

左为正常对照，较坚实

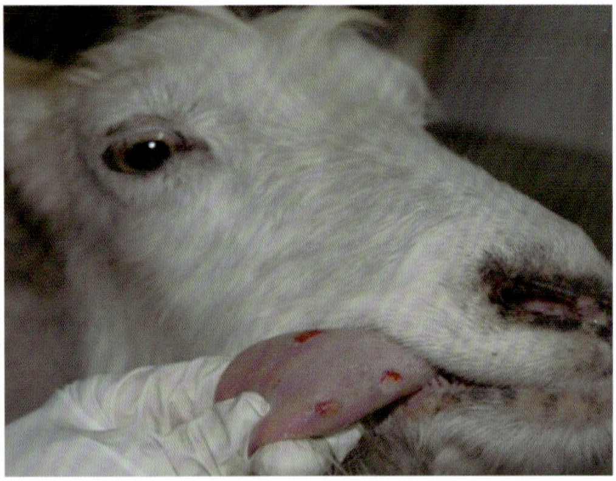

舌面等部位出现蚕豆或核桃大小的水疱

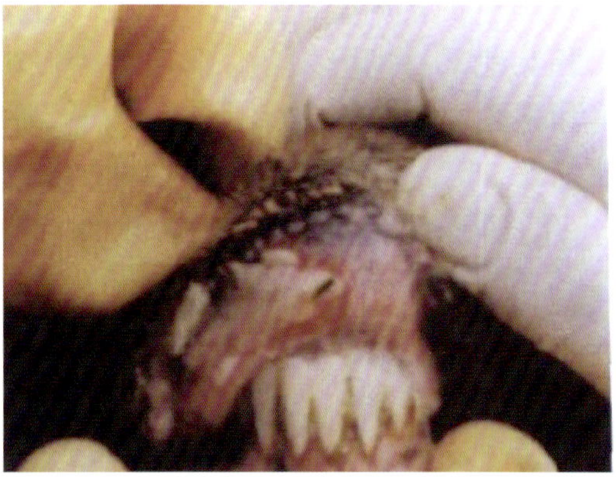

口黏膜发生水疱和溃烂

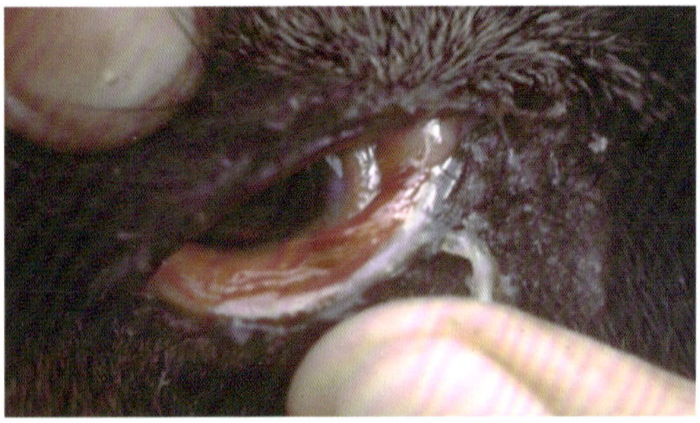

眼流分泌物遮住眼睑，出现眼结膜炎

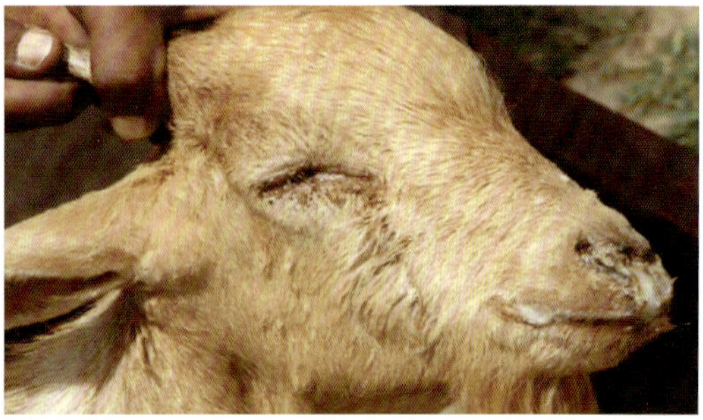

鼻液水样，随后变浓稠堵塞鼻孔

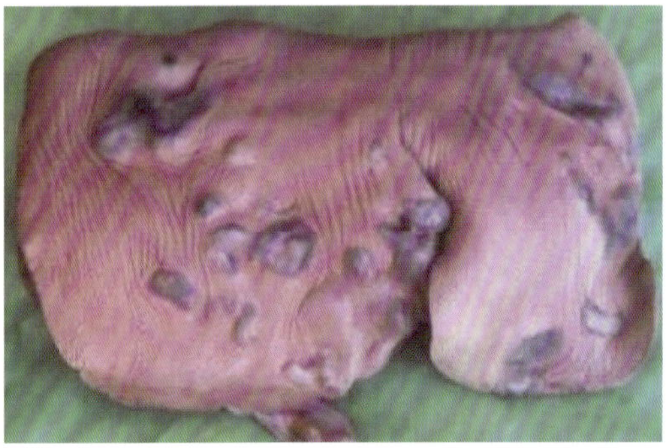

肝表面有许多突出的棘球蚴囊泡

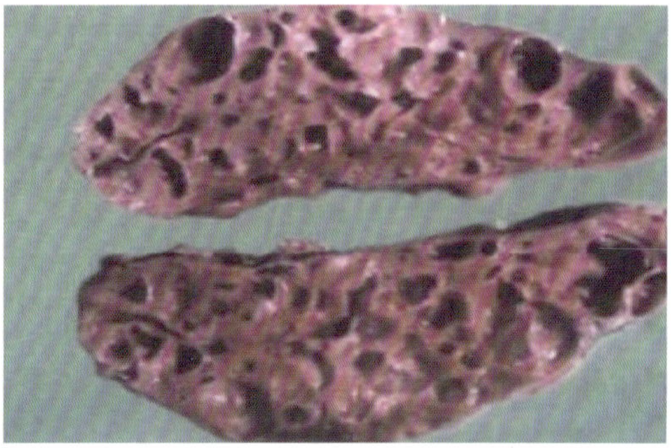

肝内有许多大小不等的泡状棘球蚴寄生，

肝组织明显萎缩

校企合作“双元”教材

乡村振兴实用人才培养系列丛书

养羊与羊病防治实用技术

主　编　孙甲川（甘肃农业职业技术学院）

参　编　何　强（甘肃农业职业技术学院）

王世雷（金昌市畜牧兽医总站）

武得虎（民勤中天羊业有限公司）

西北农林科技大学出版社
Northwest A&F University Press

·杨凌·

图书在版编目（CIP）数据

养羊与羊病防治实用技术 / 孙甲川主编.—杨凌：西北农林科技大学出版社，2021.8

ISBN 978-7-5683-0986-8

Ⅰ.①养… Ⅱ.①孙… Ⅲ.①羊一饲养管理②羊病一防治 Ⅳ.①S826 ②S858.26

中国版本图书馆CIP数据核字（2021）第158805号

养羊与羊病防治实用技术

孙甲川 **主编**

出版发行 西北农林科技大学出版社
地　　址 陕西杨凌杨武路3号　　**邮　编** 712100
电　　话 办公室：029-87093105　发行部：029-87093302
电子邮箱 press0809@163.com
印　　刷 西安浩轩印务公司
版　　次 2021年8月第1版
印　　次 2021年8月第1次印刷
开　　本 787 mm × 1092 mm　1/16
印　　张 10　　插页　2
字　　数 199千字

ISBN 978-7-5683-0986-8

定价：45.00 元

乡村振兴实用人才培养系列丛书
编审委员会

乡村振兴实用人才培养系列丛书
教材目录

《新时代公民行为规范》	冯秀菊
《应用文写作》	郭晓雯
《养羊与羊病防治实用技术》	孙甲川
《养鸡与鸡病防治实用技术》	金丽娜
《养猪与猪病防治实用技术》	赵润梅
《无公害蔬菜生产技术》	张庆霞
《食品安全快速检测技术（理化检测篇）》	冯晓群　毕　文
《农业经营与管理》	许开录
《绿化植物分类与识别技术》	高丽莉

序

党的十九大提出实施乡村振兴战略，是以习近平同志为核心的党中央放眼全局，把握我国农业现代化建设方向，顺应亿万农民对美好生活的向往所做出的重大战略决策部署，是新时代做好“三农”工作的总抓手，是按照产业兴旺、生态宜居、乡风文明、治理有效、生活富裕的总要求，将“产业振兴、人才振兴、文化振兴、生态振兴、组织振兴”与科教兴国战略、人才强国战略协同发展，达到农业强、农村美、农民富，全面实现乡村振兴。

农民是乡村振兴的主体，开展职业农民学历教育和创业致富带头人培训，是提高农民综合素质、生产能力和经营管理能力，加强农村实用人才队伍建设，实现乡村振兴战略的必然要求和动力基础，对深入开展乡村产业开发，培育新型职业农民，全面提高新型职业农民的创新能力、创新意识，增强农村劳动力的创业能力，增加农民收入都具有十分重要的作用。

为贯彻落实中共中央、国务院关于“全国高职院校扩招100万人”的重大决策部署和教育部、农业农村部关于“实施百万高素质农民学历提升行动计划”的通知精神，积极开展职业农民教育培训，让更多有志青年成长为能工巧匠，在创造社会财富中实现人生价值，为加快建设幸福美好新甘肃，不断开创富民兴陇新局面提供智力支撑和人才保障，我们遵循农民教育培训的基本特点和规律，编写了“乡村振兴实用人才培养系列丛书”。

“乡村振兴实用人才培养系列丛书”包含人文素养、种植、养殖、食品安全、农村经济等内容，该丛书包括《新时代公民行为规范》《应用文写作》《养羊与羊病防治实用技术》《养鸡与鸡病防治实用技术》《养猪与猪病防治实用技术》《无公害蔬菜生产技术》《食品安全快速检测技术（理化检测篇）》《农业经营与管理》《绿化植物分类与识别技术》等实用技术图书与公共基础课程教材，涵盖了农业生产与经营的各环节及关键技术，简单明了、通俗易懂，具有很强的针对性和实用性，既可作为新型职业农民学历教育的专用教材，也可作为生产人员、技术人员和管理人员的培训教材和参考用书。

本丛书在编写的过程中，得到了相关专业老师的大力支持和帮助指导，在此，表示衷心的感谢！

编委会

2021年8月

Preface

前　言

随着人民生活水平的普遍提高，市场对羊肉需求急剧增长，大大刺激了肉羊产业的迅速发展。利用天然草地资源，节约和综合利用秸秆等农副产品资源，挖掘和开发丰富的羊种资源，使很多地区掀起了肉羊饲养的热潮，从而变资源优势为产品优势和经济优势，促进了农牧业良性循环和地方经济可持续发展战略措施的落实。同时，这也成为增加农民收入的重要途径之一。然而，因甘肃省大部分农牧区基础设施和技术装备相对滞后，从事养羊生产第一线的基层技术力量也相对薄弱，严重制约着应用技术的转化和整体生产水平的提升。在实现农业现代化的过程中，提高农村劳动者的文化科技素养，培养一支有文化、懂技术、善经营、会管理的农民技术骨干队伍，是致富一方农民、振兴农村经济的关键。

基于此种认识，我们编写了本教材，旨在普及肉羊科学养殖及疫病防治实用技术。本教材分为上篇养羊实用技术和下篇羊常见病防治，系统介绍了羊的品种、羊的育种和杂交利用、各类饲料的生产技术及羊的日粮配合、羊的饲养管理、羊的肥育技术、羊的生产管理技术、羊舍的规划和设计、羊病的综合防治、羊场粪污处理与利用共九个项目，编写时力求突出技术的科学性、实用性、先进性和可操作性，以便对读者有所助益。

本教材编写人员分工为：甘肃农业职业技术学院孙甲川编写上篇养羊实用技术和下篇项目八羊病的综合防治任务一至任务三；甘肃农业职业技术学院何强编写下篇项目八羊病的综合防治任务四至任务七、项目九羊场粪污处理与利用；金昌市畜牧兽医总站王世雷对常见羊病防治部分的内容进行了订正。民勤中天羊业有限公司武得虎提供了教材中所用的图片。

需要说明的是，我们在编写时参阅了大量书刊资料，受益匪浅，限于篇幅，未能一一列出，在此，对文献的作者表示衷心的感谢。在使用本教材时，可结合实际情况选择适合所在区域的内容，因地制宜地进行科学养殖。

编　者

2021年5月

Content

目　录

上篇　养羊实用技术

下篇　羊常见病防治

上篇 1 PART

养羊实用技术

羊的品种

项目一　羊的品种

任务一　绵羊的品种

绵羊经过人工驯化、选择培育，逐渐分化形成具有独特的有益经济性状的绵羊品种。生产中要根据市场需要、绵羊的生产性能及自然环境条件来挑选合适的品种。我国绵羊品种按经济类型分为：细毛羊，如新疆羊、中国美利奴羊；粗毛羊，如蒙古羊、西藏羊；肉用羊，如小尾寒羊等。

一、新疆羊

【外貌特征】体格中等，骨壮坚实，全身被毛白色，公羊有螺旋形角，母羊无角。放牧能力和抗病能力较强。

【生产性能】成年公绵羊体重98.56千克，母羊53.12千克，屠宰率50%～53%，产羔率140%。

图1-1　新疆羊（母）

图1-2　新疆羊（公）

二、小尾寒羊

【外貌特征】尾寒羊具有体质结实、个体高大、生长发育快、繁殖率高、四季发情、适应性强、耐粗饲、肉用性能好的特点。小尾寒羊被毛白色，少数羊眼圈周围有黑色刺毛；鼻梁隆起，耳大下垂，公羊有较大的螺旋形角，母羊有小角、姜角或角跟；公羊前胸较深，背腰平直，体躯高大，前后躯发育匀称，侧视成方形；四肢粗壮、蹄质坚实；脂尾。

【生产性能】性成熟早，发育快，一年四季发情，一年二胎，一胎多羔，高产达9只，产羔率280%。因其繁殖力高、生长快而用于肉羊杂交改良的母本。成年公绵羊体重180千克，母羊130千克。屠宰率55%。

图1-3　小尾寒羊（母）

图1-4　小尾寒羊（公）

三、西藏羊

西藏羊原产于青藏高原，主要分布在西藏、青海、甘肃南部、四川西北部以及云南、贵州两省的部分地区。西藏羊是生活于世界海拔最高地区的绵羊品种，数量约2000万只，仅次于蒙古羊，居第二位。

【外貌特征】西藏羊体型极不一致，尾巴小、呈锥形，属短瘦尾羊。体躯被毛多呈白色，头、四肢多为黑色或褐色。西藏羊按其所处地域可分为草地型和山谷型两类。草地型西藏羊公、母均有角，角长而扁平，角向外向上作螺旋状弯转；头呈三角形，鼻梁隆起，体躯较长，几乎呈长方形；体躯被毛多为白色，头四肢多为黑褐色；毛色全白者占6.85%，头、肢杂色者占82.6%，体躯杂色者占10.5%。

【生产性能】草地型西藏羊成年公羊平均体重50.8千克，剪毛量1.42千克；成年母羊平均体重38.5千克，剪毛量0.97千克。被毛中无髓毛占46.9%，两型毛占41.6%，有髓毛占11.5%。毛辫长18～20厘米，弹性大，光泽好。山谷型西藏羊体格较小，体躯稍短，四肢较矮，公羊有角，母羊多数无角。在组成被毛的纤维类型中无髓毛占54.6%，两型毛占44%，有髓毛占1.4%。山谷型西藏羊成年公羊平均体重36.79千克，剪毛量1.5千克；成年母羊平均体重29.69千克，剪毛量0.75千克，其羊毛不如草地型西藏羊的长，但密度大，油汗较多，纺织性能较好。西藏羊一般年产1胎，每胎双羔的极少。秋肥后的羯羊屠宰率平均为48.68%。

图1-5　西藏羊（草地型公羊）

图1-6　西藏羊（山谷型公羊）

四、蒙古羊

蒙古羊原产于我国内蒙古自治区及蒙古国，随着牧民迁徙，逐渐分布到全国大多数省、自治区。其数量约占我国绵羊总数的一半。蒙古羊由于分布地区辽阔，各地自然条件、饲养管理水平和选育方向不一致，所以在体型外貌、生产性能等方面亦有差异。

【外貌特征】蒙古羊外形上一般表现为头狭长，鼻梁隆起。公羊多数有角，为螺旋形，角尖向外伸；母羊多无角。耳大下垂，短脂尾、呈圆形，尾尖弯曲，尾部贮积脂肪。体躯被毛多为白色，头颈多为黑色或褐色。被毛呈毛辫结构。

【生产性能】蒙古羊成年公羊体重45～65千克，剪毛量1～2千克；成年母羊体重35～55千克，剪毛量0.8～1.5千克。产羔率100%～105%，净毛率60%～80%，屠宰率47%～52%。蒙古羊毛皮薄而轻，保暖性强，结实耐用。该品种产肉性能较好，当年羔5～7月龄满膘时屠宰率在40%以上。蒙古羊具有耐粗饲、抓膘快、适应性强等优点。有较好的肉、脂生产性能，但被毛为混合型，剪毛量低。

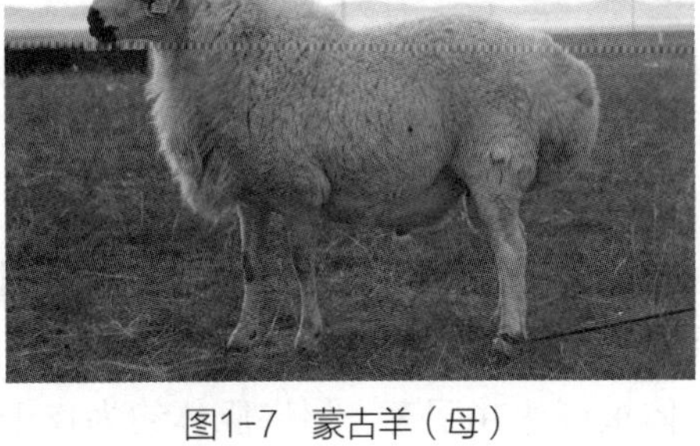

图1-7　蒙古羊（母）

图1-8　蒙古羊（公）

五、滩羊

主要分布于宁夏回族自治区的中部地区，如石嘴山、平罗、贺兰、银川、盐池、同心等地，与其相邻的甘肃景泰、靖远，陕西、内蒙古部分地区和半荒漠草原等也分布较多。

【外貌特征】滩羊的体形近似蒙古羊。公羊有角，向外伸展，呈螺旋状；母羊一般无角，有角也不发达，尾为脂尾，尾根部宽，逐渐向下变小，呈长锥形，尾尖向上卷起。体躯被毛一般为白色，头部为黑色、褐色或黑白相间。

【生产性能】滩羊一年剪毛两次。成年公羊平均体重为40～50公斤，成年母羊平均为35～45公斤。产羔率100%，屠宰率在45%以上。羔羊生后25～30天宰杀，剥制裘皮。滩羊裘皮结实，轻软，保暖性好，毛股长而弯曲，毛长8～9厘米。滩羊是在我国独特的生态条件下形成的，是我国独有的名贵裘皮羊品种。滩羊裘皮在国内、国际市场上都享有很高的声誉。

图1-9　滩羊（母）

图1-10　滩羊（公）

六、杜泊羊

杜泊羊原产于南非，主要用于羊肉生产。杜泊羊分长毛型和短毛型两个品系。

【外貌特征】杜泊羊体格大，体质好，体躯长、宽、深，形似圆桶状，肢短骨细；被毛纯白，头毛分黑、白色两种，多数羊初春后有自然脱毛现象。早熟是杜泊羊的最大优点。

【生产性能】中等以上营养条件下，羔羊初生重4～5.5千克，断奶重34～45千克，哺乳期平均日增重350～450克；周岁公羊体重80～85千克，母羊60～62千克，成年公羊体重100～120千克，母羊85～90千克，周岁前以高、长增长最快，1～1.5岁主要增长宽和深。杜泊羊以产肥羔肉见长，胴体肉质细嫩、多汁、色鲜、瘦肉率高。4月龄屠宰率51%，净肉率45%左右。杜泊羔羊增重快，断奶体重高，3月龄的杜泊肥羔体重可达36千克，屠宰胴体约为18千克，品质优良。羔羊不仅生长快，而且具有早期采食的能力。一般条件下，平均日增重300克。

图1-11　杜泊羊（黑）

图1-12　杜泊羊（白）

杜泊羊能良好地适应广泛的气候条件和放牧条件，在粗放的饲养条件下，它都有良好表现，在舍饲与放牧相结合的条件下表现更佳。

耐热抗寒，耐粗饲，唯因体宽腿短，30度以上坡地放牧稍差，但在较平缓的丘陵地区放牧采食和游走却很好。杜泊羊具有良好的抗逆性。在较差的放牧条件下，其他品种羊不能生存时，它却能存活。即使在相当恶劣的条件下，母羊也能分娩并带好一头质量较好的羔羊。

杜泊羊遗传性很稳定；无论纯繁后代或改良后代，都表现出极好的生产性能与适应能力，特别是产肉性能。

七、萨福克羊

萨福克羊具有产肉性能好、羔羊生长发育快、母性好、性早熟的特点。

【外貌特征】萨福克羊成年羊头、耳及四肢为黑色；公母羊均无角，颈粗短，胸宽深，背腰平直，后躯发育丰满，四肢粗壮结实。萨福克羊成年公羊体重100～110千克，母羊60～70千克。

【生产性能】萨福克羊成年羊剪毛量为3～4千克；萨福克羊产羔率130%～140%。公羔平均初生重为4.35千克，60日龄平均日增重为323.12克，平均体重为24.70千克；母羔平均初生重为4.48千克，55日龄平均日增重为311.55克，平均体重为21.55千克。屠宰8月龄左右公羔的平均屠宰前体重为44.64千克，胴体重20.13千克，净肉重15.35千克，屠宰率为44.55%，胴体净肉率为75.77%。萨福克羊适宜在甘肃大部分地区饲养。

图1-13　萨福克羊（黑）

图1-14　萨福克羊（白）

八、特克赛尔羊

特克赛尔羊，原产于荷兰。主要用于经济杂交生产羔羊的父本。特克赛尔羊具有早熟、多胎、生长快、产肉产毛性能较好和适性强的特点。

【外貌特征】特克赛尔羊被毛白色，头部及四肢无毛；颈粗、中等长，胸圆，背腰宽而平直，肌肉丰满，后躯发育良好。

【生产性能】成年公羊体重90～130千克，母羊65～90千克。公羔平均初生重为5千克，2月龄平均体重为26千克，平均日增重为350克，4月龄平均体重为45千克，2～4月龄平均日增重为317克，6月龄平均体重为59千克；母羔平均初生重为4千克，2月龄平均体重为22千克，平均日增重为300克，4月龄平均体重为38千克，2～4月龄平均日增重为267克，6月龄平均体重为48千克，4～6月龄羔羊出栏屠宰，平均屠宰率为55%～60%，瘦肉率、胴体出肉率高。特克赛尔羊成年羊剪毛量为5～6千克；特克赛尔羊母羊初配年龄为7～8月龄，发情时间长，80%的母羊单产双羔，产羔率200%左右。特克赛尔羊与细毛羊杂交，杂一代羔羊生长速度快，10～30日龄平均日增重为258克，30～65日龄平均日增重为320克，分别比细毛羊提高47%和68%。特克赛尔羊适宜在甘肃大部分地区饲养。

图1-15　特克赛尔羊（母）

图1-16　特克赛尔羊（公）

九、无角道赛特羊

无角道赛特羊具有产肉性能和胴体品质好、早熟、生长发育快、全年发情、耐热和对气候干燥地区适应能力较强的特点。

【外貌特征】无角道赛特羊被毛白色，面部、四肢及蹄皆为白色；公母羊均无角，颈粗短、胸宽而深，背腰平直，后躯丰满。

【生产性能】无角道赛特羊成年公羊体重90～100千克，母羊55～65千克。成年羊剪毛量2～3千克，毛长7.5～10厘米，细度为48～58支。母羊全年均可发情配种，产羔率180%左右。国内引进无角道赛特羊纯繁所产公羔平均初生重为3.75千克。无角道赛特羊与细毛羊杂交，杂一代公羔平均初生重为4.3千克，74日龄平均日增重为206.12克，平均体重为19.46千克；母羔平均初生重为4.02千克，73日龄平均日增重为190.12克，平均体重为17.84千克。屠宰8月龄左右公羔的平均屠宰前体重为42.36千克，胴体重18.45千克，净肉重14.39千克，屠宰率为43.58%，胴体净肉率为77.49%。无角道赛特羊与小尾寒羊杂交，杂一代公羊3月龄体重达29千克，6月龄体重达40.5千克，胴体重为24.2千克，屠宰率54.5%，净肉率43.1%，净肉重19.14千克，后腿、腰肉重11.15千克，占胴体重46.07%。无角道赛特羊适宜在甘肃饲养。

图1-17　无角道赛特羊

十、波德代羊

波德代羊产于世界上著名的羔羊肉产地——新西兰南岛的坎特伯里平原。它是新西兰在20世纪30年代用边区来斯特羊与考力代羊杂交，从一代中进行严格选择，然后横交固定至四到五代，培育而成的肉毛兼用绵羊。

【外貌特征】波德代羊体质结实，结构匀称，体格大，肉毛兼用体型明显。该品种羊头长短适中，额宽、平，眼大有神，公、母羊均无角。头与颈、颈与肩结合良好，颈短、粗。胸深，肋骨开张良好，背腰平直，后躯丰满，发育良好。四肢健壮，肢势端正，蹄质坚实，步态稳健。全身被毛白色，但眼眶、鼻端、唇和蹄均为黑色。

【生产性能】在新西兰的肉用绵羊品波德代羊（母羊）种中，波德代羊耐干旱、耐粗饲、适应性强，母羊难产少，同时早熟性好，羔羊成活率高。原产地育种场成年公羊平均体重90千克，母羊60～70千克。羊毛细度30～34微米（48～52支），毛长10厘米以上，剪毛量4.5～6千克，净毛率72%。羊毛同质，被毛呈毛丛结构，羊毛密度、匀度、弯曲、光泽、油汗良好。繁殖率140%～150%。羔羊生长发育快，所产肥羔胴体长，肉用品质好，母羔8月龄活重可达45千克。

图1-18　波德代羊（母）

图1-19　波德代羊（公）

十一、湖羊

湖羊是太湖平原重要的家畜之一，主要产于浙江省西部、江苏省南部的太湖流域地区。是我国一级保护地方畜禽品种。为稀有白色羔皮羊品种。终年舍饲中国羔皮用绵羊品种。产后1～2日宰剥的小湖羊皮花纹美观，著称于世。

【外貌特征】湖羊体格中等，公、母均无角，头狭长，鼻梁隆起，多数耳大下垂，颈细长，体躯狭长，背腰平直，腹微下垂，尾扁圆，尾尖上翘，四肢偏细而高。被毛全白，腹毛粗、稀而短，体质结实。具短脂尾型特征，公、母羊均无角，体躯长，四肢高，毛色洁白，脂尾扁圆形，不超过飞节。

【生产性能】具有早熟、四季发情、多胎多羔、繁殖力强、泌乳性能好、生长发育快、有理想产肉性能、肉质好、耐高温高湿等优良性状。体重：周岁公羊35千克，母羊26千克；成年公羊49千克，成年母羊37千克。剪毛量：公羊为1.5千克，母羊1千克。毛长12厘米，净毛率50%。产肉性能好，公羊宰前活重38.84千克，胴体重16.9千克，屠宰率48.51%；母羊相应为40.68千克、20.10千克和49.41%。在正常情况下，母羊5个月龄性成熟，成年母羊四季发情，大多数集中在春末初秋时节，部分母羊1年2胎或2年3胎。产羔率随胎次而增加，一般每胎产羔2只以上。产羔率230%～270%。泌乳量多，羔羊生长迅速。成年羊每年春、秋剪毛两次。湖羊适应性强、生长快、成熟早、繁殖率高。终年繁殖。

图1-20　湖羊（母）

图1-21　湖羊（公）

十二、岷县黑紫羔羊

岷县黑紫羔羊为著名地方优良绵羊品种，又称岷县黑裘皮羊，属山谷型藏羊，是优秀的裘用羊种之一。主要分布于洮河沿岸的岷县、卓尼、临潭、宕昌、漳县、临洮、渭源等地，其中以岷县的清水、西江等17个乡镇为中心产区，数量最多，品质最优。

【外貌特征】该羊全身被毛呈黑紫色，生产的二毛裘皮皮板结实，经久耐穿，毛色黑亮，毛股有5～7个环形弯曲，花环美丽，不结块，其羔皮美观、薄、柔软、保暖性强、色泽黑亮，品质优于滩羊和卡拉库尔羊羔皮，为羔皮中上品。其体格较小，产毛较少，产肉少。

【生产性能】岷县黑紫羔羊特点：一是羔皮质量优良；二是经地方多年驯化培育适应性很强；三是耐粗饲，可放牧可舍饲；四是不刨地，不啃树枝树皮，对生态植被破坏性小；五是成年羊毛色纯黑或黑紫，遗传稳定，不像三北成年羊毛色逐渐变青甚至变青白色；六是母羊多数无角或短角，性格温顺，安全易管理；七是肉质鲜、细、嫩、香，颇受省内外客商青睐。

图1-22　岷县黑紫羔羊（母）

图1-23　岷县黑紫羔羊（公）

十三、甘肃高山细毛羊

甘肃高山细毛羊适合在2600～3500米的高寒草原地区饲养，是毛肉兼用细毛羊品种。该品种对高寒阴湿气候有良好的适应性，耐粗饲，生命力强，可用于改良高原绵羊。

【外貌特征】公羊颈部有1～2个横皱褶，母羊有纵皱褶。被毛纯白，是临夏州细毛羊生产的主体品种，主要分布于和政县、临夏县、积石山县。

【生产性能】公羊体重85千克，母羊体重50千克。公羊有螺旋形大角，母羊无角，产毛量平均为4.5千克，细度65支。为提高甘肃高山细毛羊的生产性能，甘肃省临夏州于2008年引进德国美利奴肉羊进行杂交改良，效果明显。

图1-24　甘肃高山细毛羊（母）

图1-25　甘肃高山细毛羊（公）

十四、兰州大尾羊

兰州大尾羊是引进的同羊与兰州当地羊（蒙古羊）杂交，经长期人工选择和培育，形成了今日的兰州大尾羊。兰州大尾羊主要分布在甘肃省兰州市郊区及毗邻县。

【外貌特征】兰州大尾羊头大小适中，公、母羊均无角，鼻梁隆起，眼大，颈粗长，胸宽深，肋骨开张良好，背腰平直，四肢高，脂尾肥大达飞节。

【生产性能】兰州大尾羊体格大，早期生长发育快，肉用性能好。周岁公羊体重53.1千克，周岁母羊42.6千克；成年公羊57.89千克，成年母羊44.35千克。10月龄羯羔胴体重21.34千克，净肉重15.04千克，尾脂重2.46千克，屠宰率58.57%，胴体净肉率78.17%，尾脂重占胴体重的11.46%；成年羯羊上述指标相应为30.52千克，22.37千克，4.29千克，62.66%，83.72% 和13.23%。被毛纯白色，异质。纤维类型重量百分比中，公羊无髓毛占67.2%，两型毛占17.7%，有髓毛占4.4%，干死毛占10.7%；母羊无髓毛占65%，两型毛占17.5%，干死毛占

17.5%。成年公羊剪毛量2.5千克，成年母羊1.3千克。兰州大尾羊一年四季均可发情配种，但繁殖力不高，产羔率117%。

图1-26 兰州大尾羊

任务二 山羊的品种

一、槐山羊

槐山羊产于黄淮平原，广泛分布在河南省的周口、许昌、信阳、商丘、开封、安阳、新乡等地，以周口地区的沈丘、项城、郸墟等县为中心产区。

【外貌特征】槐山羊额宽嘴尖，面部微凹，颈中等长。肋骨开张，背腰平直，身躯呈圆筒形，前躯较宽，后肢发达。四肢正直较长，尻稍斜，尾粗短上翘。

【生产性能】槐山羊毛色全白者占91.78%，另外还有极少数的黑、青、浅棕、花色者。皮质致密，毛孔细小而均匀，分层薄而不破碎。折登无白痕，拉力强而柔软，韧性大而弹力高。板皮品质优良，在国际市场负有盛名。

图1-27 槐山羊（母）

图1-28 槐山羊（公）

二、牛腿山羊

【外貌特征】产于河南省鲁山县西部山区，因它个体大，腿高而粗，酷似牛腿，当地农民称之为“牛腿”山羊。

【生产性能】这种羊除有一般山羊生活习性外，还具有几个特点：个体大；成年羊平均体重65～75公斤，有的可达90公斤，比同龄普通山羊重30%；出肉率比一般普通山羊高1.5%以上；繁殖力强；大多数母羊每胎产羔2～3只，1只母羊平均产羔2～5只。肉质鲜，膻味少，而且羊毛洁白、柔软，成年羊毛长30～35厘米。

图1-29　牛腿山羊

图1-30　太行山黑山羊

三、太行山黑山羊

又名修武山羊、豫西北山羊，主要产于河南省太行山区。

【外貌特征】太行黑山羊的体格中等，体质坚实，骨骼粗壮，皮薄毛长；体躯近似长圆筒形。羊头中等大，被毛粗长，面直，耳大小中等，耳轮较厚。公羊角扁，伸向后上方，并向两侧伸展，少数仅有角基。颈较粗，中等长，背腰平直，肋骨较开张，四肢粗壮，肢势端正，浅山区的羊只较深山区的羊只体格稍小。

【生产性能】羊群毛色比例，黑色和银黑色者占82.9%，杂色占12.22%，白色占4.86%。

四、中卫山羊

【主要分布】中卫山羊又名中卫裘皮山羊或沙毛皮山羊，主要产于我国西北地区的宁夏回族自治区西部的中卫、同心、中宁、海原等县及和其毗邻的甘肃省的景泰、靖远等县，其中以中卫、景泰、靖远三县为中心产区，数多而质优。

【生产性能】中卫裘皮山羊除主产裘皮外，尚产羊毛、羊绒、板皮和羊肉。其羊毛细而长，具有一定的纺织价值，尤以羔羊为佳，我国目前将其作为马海毛的代用品，与绵羊毛混纺制作提花毛毯和银枪大衣呢等。屠宰率40%～50%，尤以羔羊肉受消费者喜爱。

图1-31　中卫山羊（母）

图1-32　中卫山羊（公）

五、河西绒山羊

河西绒山羊产于甘肃省河西走廊西北部肃北蒙古族自治县和肃南裕固族自治县，主要分布于河西地区。河西绒山羊体质结实、紧凑。

【外貌特征】公、母羊均有弓形的扁角，被毛为白色，由粗毛和绒毛组成，公羊角较粗长，向上并略向外伸展。四肢粗壮，前肢端正，后肢多呈“X”形。

【生产性能】成年公羊平均38千克，成年母羊平均为26千克。河西绒山羊羔羊生长发育快，5月龄的羔羊体重可达20千克。一般对不留种的公羔阉割肥育，待成年后屠宰，每年10月初集中宰杀，屠宰率为44%。临夏州主要分布于永靖县、东乡县，存栏10万只左右，以放牧为主，冬春枯草期一般舍饲育肥。河西绒山羊羔羊6月龄左右性成熟，18～20月龄配种。通常公、母羊分群管理，秋季（9月）开始合群，实行自然交配。

图1-33　河西绒山羊

六、马头山羊

马头山羊是肉皮兼用的地方优良品种之一，分布在陕西、河南、重庆等邻近省市。

【外貌特征】被毛以白色为主，公、母羊均无角，头形似马，反应迟钝，群众俗称“懒羊”。

【生产性能】马头山羊性成熟早，四季可发情，在南方以春秋冬季配种较多。母羔3～5月龄，公羔4～6月龄性成熟，一般在8～10月龄配种，妊娠期140～154天，哺乳期2～3个月，当地群众习惯1年2胎或2年3胎。由于各地生态环境的差异和饲养水平的不同，产羔率差异较大。根据调查资料，胎产羔率为190%～200%，每胎产羔1～4只。据调查1364胎统计：单羔率26%，双羔率46%，三羔率16%，四羔率8.5%，五羔率2.17%，六羔率0.17%。初产母羊多产单羔，经产母羊多产双羔或多羔。

图1-34　马头山羊（母）

图1-35　马头山羊（公）

七、波尔山羊

波尔山羊原产于南非，是世界著名的肉用山羊品种，具有体格大、生长速度快、繁殖力较强、屠宰率高、适应性和抗病力强等特点。1995年开始引入我国，在全国各地均能适应，是目前用来改良地方山羊产肉性能的首选父本品种之一。

【外貌特征】波尔山羊体型大，被毛短而密，除头颈、面颊和两耳呈棕红色外，其余被毛均为白色。头平直，鹰爪鼻，耳大下垂，角向后弯曲呈镰刀状。体型发育良好，有典型的肉用特征，体躯长、匀称，呈圆桶状，肌肉发达，肋部开张良好，背部结实宽厚，臀部尤为丰满，四肢短而结实。

【生产性能】波尔山羊性成熟早，一般在6月龄开始配种，大多数2年产3胎，产羔率193%左右。波尔山羊初生重4.15千克，日增重123.7克。强度肥育下，日增重204～291克。体重分别为：百日龄，公羔30千克，母羔29千克；150日龄，公羔42千克，母羔37千克；210日龄，公羊53千克，母羊45千克。屠宰率48%～60%，肥羔最佳上市体重为38～43千克，骨肉比为1∶4.71。瘦肉多，肉质细嫩，膻味少，味道鲜美。波尔山羊板皮质量好，可与牛皮相媲美。多次发情，繁殖无明显的季节性，6月龄性成熟，平均产羔率150%～220%，1年2胎或2年3胎。发情周期21天，发情持续时间37小时，一般于发情后32～38小时排卵，怀孕期147～149天，产奶量每天2.5千克。波尔山羊性情温顺，适应性强，抗病力强。

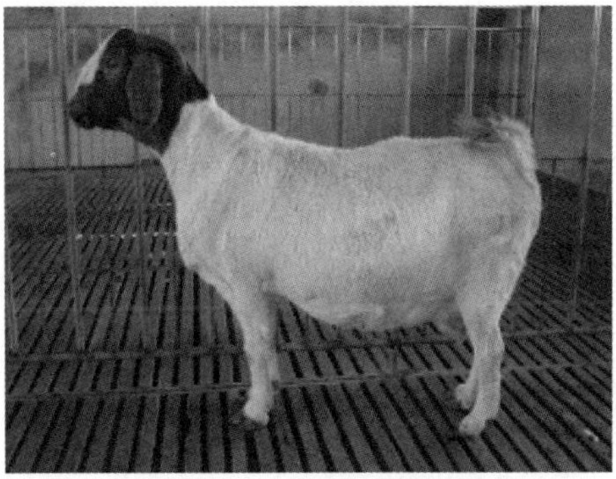

图1-36　波尔山羊（母）

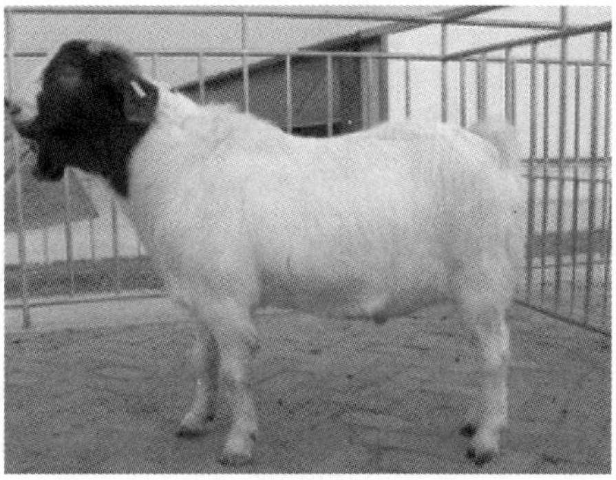

图1-37　波尔山羊（公）

八、成都麻羊

成都麻羊产于成都平原及其四周的丘陵和低山地区，因被毛为棕黄色而带有黑麻的感觉，故称麻羊；或因其被毛呈棕黄色，近似赤铜，故又称铜羊。

【外貌特征】成都麻羊分为丘陵型和山地型，丘陵型体格较大，山地型体格较小。成都麻羊体格中等，头中等大小，两耳侧伸，额宽微突，公、母羊大多数有角，结构匀称，背腰宽平，尻部略斜，四肢粗壮，蹄质坚实呈黑色。公羊前胸发达，体躯呈长方形，体态雄壮；母羊腹部圆大，后躯深广，乳房发育良好，呈球形，体型较清秀，略呈楔形。被毛呈棕黄色，色泽光亮，为短毛型。单根纤维颜色可分为三段，毛尖为黑色，中段为棕黄色，基部为黑灰色。在体躯上还有两处异色毛带，一处是从两角基部中点沿颈脊、背线延伸至尾根有一条纯黑色毛带；沿两侧肩胛经前臂至蹄冠又有一条纯黑色毛带。

【生产性能】两条黑色毛带在鬐甲部交叉构成一明显十字架。被毛内层着生细密柔软的绒毛，秋冬生长，春暖后逐渐脱落。成都麻羊育成期生长迅速，较为早熟。

图1-38　成都麻羊（母）

图1-39　成都麻羊（公）

九、陇东黑山羊

该品种主要产于甘肃陇东黄土高原区的环县、合水、华池等县。

【外貌特征】陇东黑山羊体格较小，体质结实紧凑。被毛以黑色为主，占77%，其次有青色、白色、花色等。体形侧视近正方形，结构匀称，十字部略高于鬐甲部。被毛分内外两层，外层被毛粗长明亮，略带波浪弯曲，内层为纤细柔软、色浅的绒毛。公母羊均有角有须，角形有拧角和立角两种，以前者较多。拧角是从角基开始向上向后外方伸展，角体较扁，呈半螺旋状扭曲；立角自角基直立向后上方伸展，角体较圆无扭曲。蹄质坚实呈灰黑色。

【生产性能】陇东黑山羊成年公羊春季体重24.1千克，成年母羊春季体19.5千克。产绒量公羊190克，母羊185克，羊绒细度14微米左右。该品种产肉性能尚好，放牧条件下，公、母羊活重即可达43千克左右，表明其抓膘性能强，容易肥育，而且肉质鲜美。屠宰率46%。羔羊6月龄性成熟，8月龄配种，一生产羔6～8胎，双羔率2%～4%。母羊发情季节为8月至翌年1月，以2～4月产羔最多。少数地区羊群的双羔率可达30%以上。该品种合群性好，耐粗饲，抗病力强，除雨雪天外，终年放牧可不予补饲。

图1-40　陇东黑山羊（母）

图1-41　陇东黑山羊（公）

项目二　羊的育种和杂交利用

任务一　年龄鉴定和体尺测量

一、年龄鉴定

种羊场的种羊均佩戴耳标，或在耳内无毛部带有刺墨，注明生年，种公羊可在角上烙号。如无耳标或刺字，可根据羊的下颌8枚门齿的长出、脱换和磨损程度来判断其年龄。牙齿脱换及磨损规律可能与草地生态环境有关，但在同一地区无论公、母羊，绵、山羊都是相同的。

羔羊的乳齿小而细，下颌门齿中间一对叫钳齿，1～1.5岁时乳钳齿脱换为永久齿，以后每过一年，靠钳齿两侧的乳齿更换1对为永久齿，到满4岁时，羔羊时期长出的乳齿全部换成水久齿，这时叫“齐口”。以后则需根据牙齿磨损状况和齿间隙缝来判断年龄。根据牙齿鉴定羊的年龄可依口诀如下：4周乳牙全长齐，一岁半时对牙扎，4个牙时两岁半。满3岁时6个牙，4岁换完永久齿，5岁门齿全平茬（即钳齿已磨平），6岁齿间出缝隙，7岁牙根已松动，8岁门齿有歪斜，9岁牙茎剩个茬，10岁啃草无咬力。羊到了10岁以后已失去饲养价值。

二、体尺测量

羊各部位的体尺测量，是鉴定羊只体型或研究羊生长发育规律的重要方法。测量体尺用具有测杖、卷尺、圆形测量器。一般需测量的体尺有：

体高：鬐甲最高点到地面的垂直距离。

体斜长：肩端到坐骨结节后突起间的距离。

胸围：肩胛骨后缘绕胸　周的长度。

臀宽：髋关节处臀部最大的宽度。

臀高：荐部最高点到胸骨底的距离。

胸深：鬐甲最高点到胸骨底的距离。

前胸宽：左右肩部外结节间的距离。

三、外形鉴定

品种的特性主要表现在生产性能上，也反映在体质、外形和发育状况上。鉴定时首先从整体观察绵羊的外形、体格大小和行动姿态等，然后再按各部位逐一鉴定，不同生产性能绵羊的体质外形特征和各部位大致要求如下：

皮肤：皮肤品质可用于触摸或牵拉耳根部的皮肤来评定，绵羊皮肤有厚、薄、松、紧之分，一般皮肤粗厚的羊，毛也较粗，反之则细。皮肤致密，则毛密而结实；皮肤松弛，则毛较稀而脆弱。细毛羊的皮肤厚而致密，肉用羊的皮肤薄而松软。皮肤粗厚并松弛是体质粗糙的标志，皮肤过薄则体质纤弱。在鉴定皮肤时，应该注意皱褶情况。细毛羊皮肤皱褶多在颈部，有的见于体侧甚至尾根，以毛用为主的公羊要求在颈部有1～2个完全或不完全的横皱褶；以肉用为主的公羊要求全身无皱褶。皱褶过多的绵羊，污毛产量较高，净毛率较低，且皱褶处羊毛韧度不匀，长度不足，剪毛困难，对生产不利。

骨骼：骨骼的发育，主要根据头部和四肢部来鉴定，毛用羊骨骼发达，管骨粗且长；肉用羊骨骼细而短。皮肤和骨骼的发育是相关的，皮肤粗厚者骨骼多粗重。

头：毛用羊头部细毛着生较好，肉用羊差，粗毛羊头部仅生有刺毛。毛用羊头部细毛着生以到两眼连线为理想，超过两眶连线，影响视觉；颜面轮廓要求鲜明。鼻梁直，鼻翼大而开张，两颌开张适宜，嘴大，口裂深、上下颌咬合好，两眼清澈，耳中等大，厚度适中。

颈部：毛用羊颈较细长，肉用羊颈短而粗厚。颈部过于细长及颈肩结合不好都是体质纤弱的象征。

胸部：胸腔容纳重要的内脏器官，所以容积越大越好。毛用羊胸部长而深，宽度较差；肉用羊胸部宽阔，具有适当的深度。

腹部：正常绵羊要求腹部质地柔软，腹线与背线平行。腹部下垂称为垂腹，腹部上卷称为卷腹，严重的垂腹和卷腹都是缺点。

臀部：理想型的羊要求臀部宽平，母羊要求臀宽尻圆。毛用羊臀部较斜而长，肉用羊臀部较短而宽平。短尻、斜尻和狭尻都是缺点。臀部和大腿连线自然，大腿和臀部肌肉均应厚实，肌肉丰满。

四肢：四肢要求有端正的姿势，当羊四肢平均负重时，从前面观察，前肢遮盖后肢；从侧面观察，一侧的前、后肢遮盖另一侧的前、后肢；从后面观察，后肢遮盖前肢。毛用羊四肢较长而粗，肉用羊较短而稍细。凡前、后肢向内呈“O”形或呈“X”形的腿均为肢势上的缺陷。

任务二　羊的选种

选择优良种羊做亲本，使之传宗接代即为选种。绵、山羊的选种可分为个体选择、系谱选择和后裔测验三个步骤。

一、个体选择

当前，广大养羊户及一般繁殖场的选种主要是个体选择。个体选择是根据每只绵、山羊本身性状的好坏、生产性能高低决定选择或淘汰。在选择时以同类羊群的横向比较为主，只要被选择的羊只生活在相同的条件下，对同一群内的羊进行比较鉴定和生产性能测定，是能够把当代最优秀的种羊选出来的。个体选择不考虑个体与其他个体间的亲缘关系，是最简单又可行的办法。

1.根据体型外貌选种。个体选择首先要审查体型外貌，绵山羊体型外貌是品种特征，在选择时应明确选择羊群的育种方向和品种标准。在外形鉴定时既看每个性状的局部表现，也看该性状的整体配合，要形成对每只羊的综合外貌体型是否符合品种特征的评价。

2.根据体重、体尺及产毛量等生产性能指标进行种羊分级。肉用羊的选择主要在外貌鉴定及按品种标准鉴定中重点审查与产肉相关的性状——加肉用体型等，同时要测定羔羊早期日增重和育种期的日增重，留种的羊应测定其若干后代育肥后的屠宰率、净肉率和肉骨比、育肥期间的饲料报酬。乳用羊除按品种标准和乳用羊外形特征进行鉴定外，要对第一产的产奶量、乳脂率进行测定，观察其达到泌乳高峰所需时间和泌乳盛期的保持时间。高产羊一般在产后2个月达到泌乳盛期，泌乳高峰期持续时间也长。个体选择时要特别注意审查羊的生长发育和健康状况。种公羊必须体质健壮，体格大，悍威强，阴囊和睾丸大小适中，精液品质好。母羊要求体格结实，性格活泼，后躯宽深，乳房结构松软，乳头对称，发育良好，恋羔性强。每个品种都有特定的种

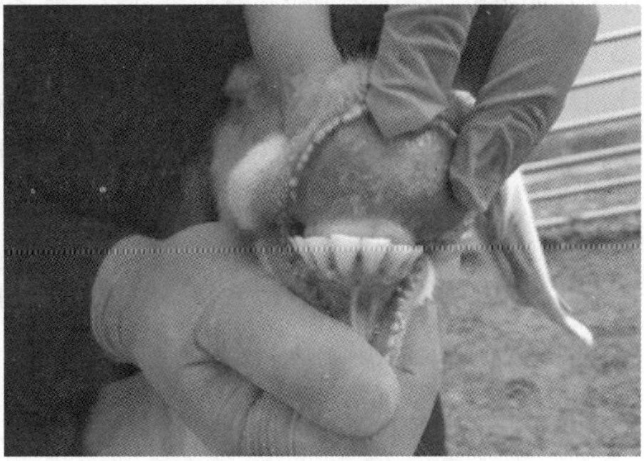

图2-1　通过牙齿鉴定山羊年龄

羊分级标准，如海门山羊种羊根据周岁体重和成年体重可分为特级、一级、二级及二级以下，低于二级的一般不留作种用。

3.根据繁育种群结构需要选留不同类别或年龄的羊。羊群中各年龄、各类别羊组成的比例与羊场的生产力和经济效益有直接关系。本交时种羊的公母比一般为1∶（20～50），人工授精时，公母比可达1∶（200～300），另外，育成公羊及试情公羊应占2%～3%。繁殖母羊、育成羊和羔羊的比例应为5∶3∶2，可根据胎次或年龄进行选留。羊的年龄主要根据牙齿来判断。羔羊的牙齿称乳齿，共20颗。成年羊的牙齿称永久齿，共32颗。永久齿比乳齿大，颜色发黄。羔羊的乳齿一般一年后换成永久齿，可通过换牙情况判断其年龄。一般而言，1岁不扎牙（不换牙），2岁1对牙（切齿长出），3岁两对牙（内中间齿长出），4岁3对牙（外中间齿长出），5岁齐口（最外侧的隅齿长出），6岁平（牙上部由尖变平），7岁斜（齿龈凹陷，有的牙开始活动），8岁歪（齿与齿之间有大的空隙），9岁掉（牙齿有脱落现象）。

二、系谱选择

系谱选择就是根据被选择羊的祖先或旁亲成绩来判断其遗传品质可能具备的潜力，是进行早期选种或估测后代是否应进行特殊培育的前提条件，审查系谱应看三代祖先，而且应着重考虑直系亲属的成绩。祖先代数越远，对后代影响越小，每增加一代对后代的遗传影响就减少一半。如果一只种羊，各代祖先优良性状都很相似，或一代比一代好，其本身也有与亲代相同的许多特点，则证明这只种羊的遗传性是较稳定的，这个系谱中的个体羊只都具有较稳定的遗传潜力。反之，如羊群中一只羊系谱中好坏羊差异很大，其本身性能又很平庸，就不应留种。在生产中进行系谱审查还应注意子代、亲代所处的饲养管理水平，如果祖代生活环境不良，后来饲养管理环境有了改变，在某些系谱中出现了特别优秀的个体，这时也不应因为其系谱不好就不考虑选留作种用。因为任何后代都不是它们祖先类型的重复，而应当是祖先类型的发展，在正常饲养条件下，只要注意选留优秀个体，后代的性能一般应一代高于一代，后代的品质应当更全面、更优良。系谱选择要求有详细记录，凡种羊场及纯种繁殖场出售的种公羊均应提供系谱记录卡，以便引种者正确使用所引进的种公羊。系谱选择必须结合羊只本身的性能和子亲两代所处的环境做出综合判断，不应把系谱审查绝对化。

三、后裔测验选择

后裔测验是根据一头公羊后裔的性能表现判断它的价值，这是估计种畜育种最好的方法。作后裔测验的公羊应该是亲代成绩优秀、个体性能突出的优秀公羊，一岁半时进行测验，未测验过的主要公羊和成年公羊中的高产个体，用作人工授精的公羊或自外场新引入的公羊也要进行后裔测验。作后裔测验的公羊要求与优秀母羊配种，或用一级母羊配种，年龄在2～4岁最合适，力求消除母羊的差异，以免造成对后代的影响，使公羊间的对比产生误差。选择优秀母羊与后裔测验的公羊配种是因为公羊与质量较差的母羊配种，后代性能提高比较容易，而使优秀母羊后代能继续提高则比较困难，这样才能测出公羊的种用价值。后裔测验公羊与配母羊数为：每只公羊配30～50只母羊，要求配种时间比较集中，配种母羊及后裔应同群饲养。

后裔测验评定的方法有：母女对比、同龄后代对比。母女对比可以用母女同为1岁的材料或女儿1岁材料与母亲当年材料进行对比。母女同龄对比有年度间的饲养水平差异，而后一种有年龄差异，对比时需要进行校正。同龄后代对比，如母羊品质有差异，不易断定后代的差异是来自公羊还是来自母羊，但可消除年度间或年龄上的差异影响。在饲养条件不够稳定时，采用同龄后代对比较母女对比可靠。

图2-2　通过羔羊的初生重、生长速度等指标判断种公羊的优劣

四、选种的注意事项

选种时应注意以下要点：坚持留种标准，严格淘汰，如评级在一级以下的公羊、二级以下的母羊不留种；注意资料的登记、整理和分析；注重选择适宜的选种方法，一般综合利用个体选择、系谱选择和后裔测定进行选种；在系谱选择时，应既要注意祖代的优点，也要注意祖代的缺点和缺陷；在个体选择时，要注意根据育种和生产需要确定鉴定项目，要注意其实效性，不宜太多；在后裔测定时，要注意饲养管理条件的一致性。

任务三　羊的选育选配

一、羊的选育

羊选育方法主要有纯种繁育和杂交改良两种，应根据实际选择适合的品种及杂交模式。

（一）纯种繁育

纯种繁育也称纯种选育或本品种选育，是指同一品种内来源不相近的公、母羊之间的繁殖和选育过程，目的是增加纯种数量、提高品种质量。主要用于高水平的育成品种，具有保种和利用价值的地方良种以及新育成改良品种的巩固提高。它是在品种或种群内，按照加性遗传效应进行选种，并在种羊间进行有计划的选配，保持和发展一个品种的优良特性，克服品种的某些缺点，以提高品种的总体水平。

地方品种都具有某一特定的、突出的优良生产性能，为保护遗传资源，在保种场一般采用纯种繁育，通过品种内的选择、淘汰，加之合理的选配和科学的培育等手段，以达到提高品种整体质量的目的。如湖羊一般采用纯种繁育，纯种湖羊公、母羊本交，获得纯种的湖羊群体。

图2-3　纯种湖羊公、母羊本交

图2-4　湖羊纯种繁育群体

（二）杂交改良

杂交是指两个或两个以上不同品种个体间的交配。杂交是引进外来优良遗传基因的主要方法，可以汇合多个品种的有益基因，培育新品种或经济杂交。但是，杂交往往也会引入有害基因，产生不良的性状，或者把有害基因掩盖起来。因此，在杂交过程中必须结合严格的选择。常用的杂交方法有经济杂交、级进杂交、育成杂交和导入杂交等。

1.经济杂交。羊经济杂交的目的在于生产更多更好的羊肉，而不是为了生产种羊。又称简单杂交，是当前肉羊生产中最常用的杂交方式。杂交后代不论公母均不留种，全部作为商品羊出售，如波尔山羊公羊与黄淮山羊母羊杂交生产F1代商品羊。经济杂交常用的模式有二元杂交、三元杂交和轮回杂交等。

（1）二元杂交。二元杂交是两个品种之间杂交一次，一代杂种无论是公是母，都不作为种用继续繁殖，而是全部用作商品。二元杂交是最简单的一种杂交方式，对提高肉、奶的产量有明显效果。优点：二元杂交方法简单，杂交优势明显，是使用最多的杂交方式。缺点：不能充分利用母本群繁殖性能方面的杂种优势，遗传力一般较低，杂种优势比较明显。

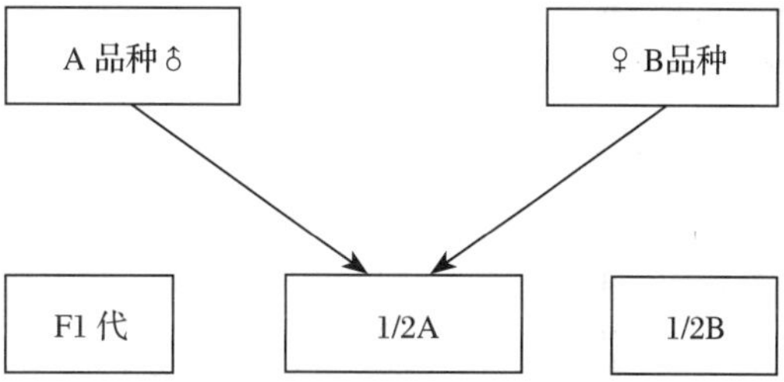

图2-5　二元杂交示意图

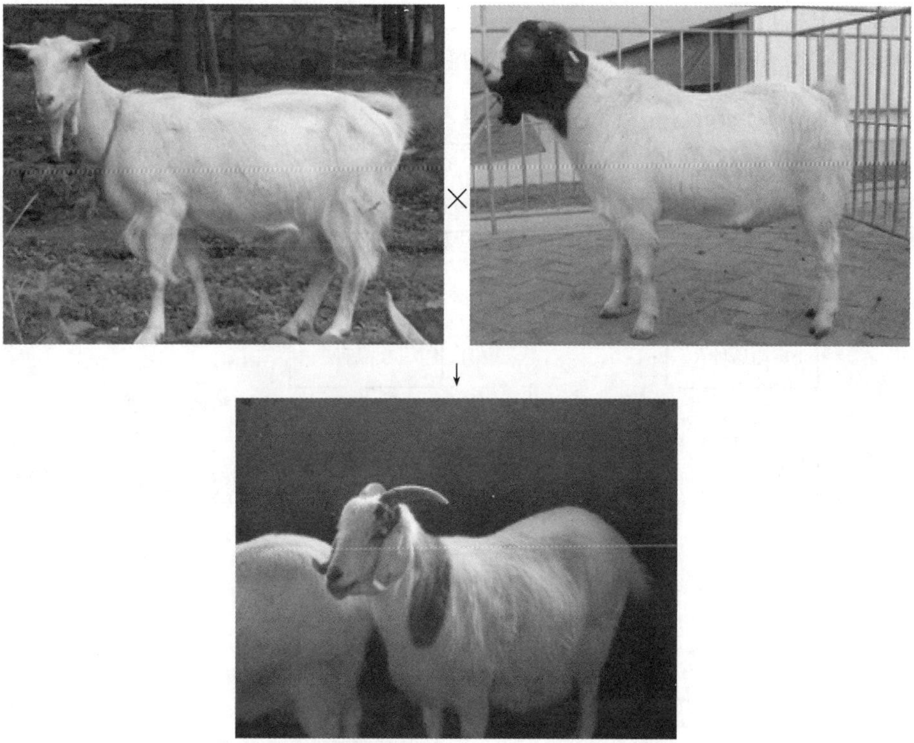

图2-6　波尔山羊与黄淮山羊经济杂交获得波杂山羊

（2）三元杂交。三元杂交是三个品种之间杂交，即先用两个品种或品系杂交，所生杂种母畜再与第三个品种或品系杂交，所生二代杂种作为商品代。三元杂交在杂种优势利用上一般优于二元杂交，优点是能更充分地利用多个品种的优良性状。在整个杂交体系下，可以利用二元杂种母畜在繁殖性能方面的杂种优势，二元杂种母畜对三元杂种的母体效应也不同于纯种；三元杂种集合了三个种群的遗传物质和三个种群的互补效应，因而在单个数量性状上的杂种优势可能更大；三元杂交在组织工作上要比二元杂交更为复杂，因为它需要有三个不同品种或品系的纯种群，每个品种或品系都要纯繁和选育。

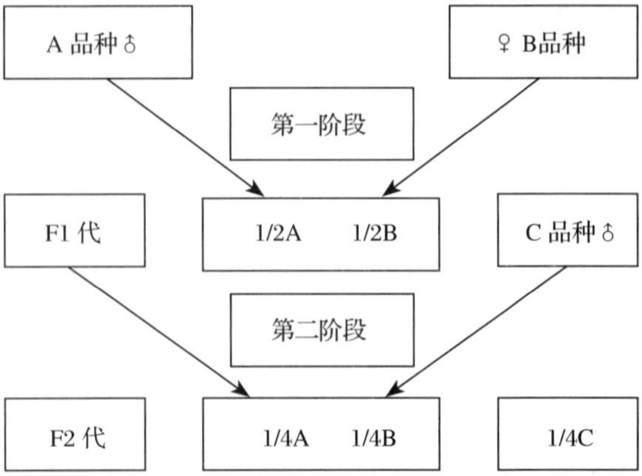

图2-7 三元杂交示意图

（3）轮回杂交。轮回杂交是两个以上品种按固定的顺序依次杂交，纯种依次与上代产生的杂种母畜杂交。杂交用的母本群除第一次杂交使用纯种之外，以后各代均用杂交所产生的杂种母畜，各代所产生的杂种除了部分母畜用于继续杂交之外，其他母畜连同所有公畜一律用作商品。优点：能有效减少种公牛饲养数量，避免单一品种过度杂交和近亲杂交带来杂交优势衰退；提高母畜繁殖性能的杂种优势；只需要每代引入少量纯种公畜或利用配种站的种公畜，在组织工作上比较方便；每代交配双方都有相当大的差异，因此始终能产生一定的杂种优势。

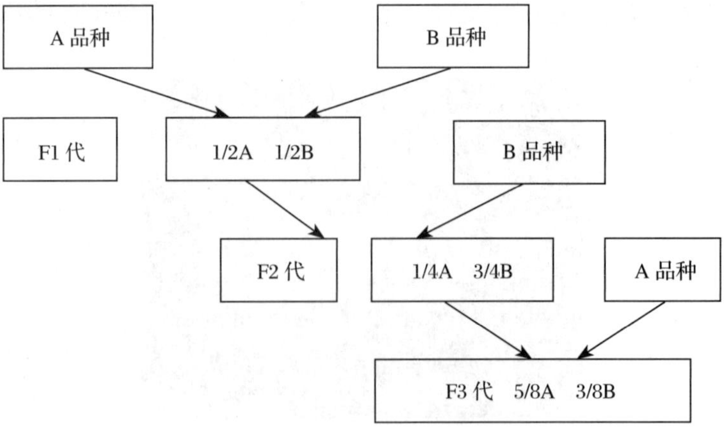

图2-8 轮回杂交示意图

2.级进杂交。级进杂交也称吸收杂交或改造杂交，即以优良品种公羊，连续同被改良品种母羊及各代杂种母羊交配，一代一代交配下去，使其后代性能接近优良品种的生产性能。级进杂交是进行大规模改良的有效方法，如果在某一个地区能系统、连续地使用外来良种公羊进行与本地母羊的杂交改良，结合严格的选留种标准，就有可能培育出适应本地条件的新品系来。例如，用白头杜泊公羊与本地湖羊母羊进行交配，杂交后代中的公羔肥育后上市，母羔经选择后留种，继续与杜泊公羊交配，级进杂交使得后代中杜泊羊的血缘比例越来越高，连续杂交多代后，在外形、毛色等方面也已基本接近于杜泊羊。级进杂交的另一个优点是其后代比引入品种更能适应当地环境条件。

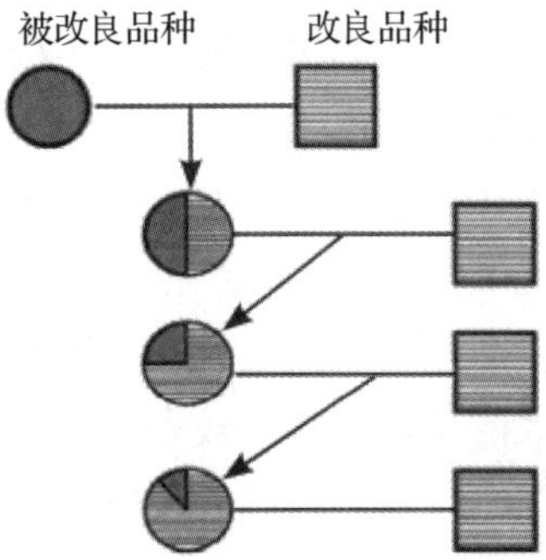

图2-9　级进杂交模式图

图2-10　白头杜泊公羊与湖羊母羊级进杂交获得的F3代母羊

级进杂交注意事项：根据育种要求选择优良父系品种；根据杂交目的和后代的表现确定杂交程度；避免近亲繁殖；加强杂交后代的饲养管理。

二、羊的选配

选配是指交配时给母羊或公羊选择合适的配偶，以求将双亲的优良遗传性状结合到后代个体中，得到比较理想的后代，从而达到育种的目的。实践表明，优秀的公母个体交配，并不能保证后代是优秀的，因为任何一个后代的优劣，不仅取决于双亲的遗传物质，同时也取决于双亲基因结合后形成的基因型是否合适。因此，要获得理想的后代，除了必须做好选种工作外，还应在配种时根据母羊的特点，为其选择恰当的公羊与之配种。选配决定性畜配种所依据的原则，即按表型和亲缘关系相似与否来配种。表型选配是以个体本身品质的表型作为选配的依据。亲缘选配是根据血缘的相似的程度进行选配。这两种选配都可以分为同质选配和异质选配，亲缘选配的同质选配和异质选配就是近交和远交。羊的选配类型主要有以下几类：

（一）表型选配

表型选配亦称品质选配，可分为个体选配和等级选配两种。

1.个体选配。进行个体选配的主要是特级和一级母羊。特级羊和一级羊对品种进一步提高关系很大，并且已经达到了较高的生产水平，要继续提高是比较困难的，必须根据每一头羊的特点进行深入的选配工作。个体选配的原则：符合理想型要求并具有某一优点的母羊，用具有相同优点的特级公羊选配，以期这一优点能够得到巩固和提高。在某些品质不理想的情况下，为了改善这些缺点，可以选具有能够纠正这些缺点的种公羊配种，以期后代得到改进。

2.等级选配。等级选配适用于具有各种缺点的二级以下的母羊的选配。将具有相同缺点的母羊集中在一起，作为一个等级，然后选用合适的公羊进行选配。细毛羊等级群母羊进行等级选配时，一般根据下列原则：二级羊的主要缺点是毛短体小，选用体格大、羊毛特别长的特级、一级公羊配种。三级羊共同缺点是羊毛密度、匀度和皱褶类型比较差，应选皱褶类型好、毛密度大、匀度较好的特级、一级公羊配种。四级羊情况比较复杂，一般应用比母羊等级高的公羊选配，以利提高后代的性能。等级选配在大的羊群中应用较多，在小群中应运用好公羊选配，充分发挥优良种公羊的作用，以尽力提高后代质量，这是选配工作的重要目的。

选配应遵循的原则：公羊等级应优于母羊；用公羊优点弥补母羊缺点；不宜滥用亲缘选配；及时总结选配效果，修正选配方案。

（二）亲缘选配

亲缘选配指利用亲缘关系较近的公、母羊交配，如父女间、母子间、兄弟姊妹间、祖孙间、表兄弟妹间、异母兄妹间、伯叔侄女间的亲缘较近，属于近亲交配。如果共同祖先到交配双亲的代数总和超过6的，则属于远亲交配。远交由于交配双亲血缘关系较远对后代影响较少，所以一般讲亲缘交配多指近亲交配。

亲缘交配在育种工作中有利于有益基因的纯合化，有固定优良性状的作用，也有利于有害隐性基因纯合，使遗传缺陷充分暴露，以利早从育种群中清除。在育种工作中为了建立优秀家系和品系，在严格淘汰的配合下，为了保持个别优秀祖先的遗传品质，使群体得到巩固和提高是可以采用亲缘选配的，这是高级育种阶段的重要手段。但在一般情况下必须慎重，而且只有经过各方面选择确认生产性能特别优秀，或有独特优点而又健壮的公羊和母羊才能采用亲缘选配。在应用过程中必须注意防止亲缘交配的不良影响。

亲缘交配的危害主要是降低后代的生活力，亲缘后代往往体质弱、抵抗力差、产羔率低、生长发育受阻、饲料转化率低，因此在采用亲缘选配时必须选择体质健康、生产性能优异的个体，对所生羔羊应给予良好的饲养管理条件，对后代中出现的不良个体要坚决淘汰，做好记录以便查找。亲缘选配要掌握适度，不可一直应用下去，对亲缘选配程度过高的羊群必须有计划引入非亲缘种畜，防止亲缘交配引起羊群退化的不良后果。

任务四　羊的繁殖生理

母羊繁殖效率和羔羊成活率的高低决定了“自繁自养”模式的成败，加强繁殖母羊的精细化管理和羔羊哺育工作意义重大。

一、羊的繁殖季节

绵羊、山羊的繁殖季节（亦称配种季节）是通过长期的自然选择逐渐演化而形成的，主要决定因素是分娩时的环境条件要有利于初生羔羊的存活。绵羊、山羊的繁殖季节，因品种、地区而有差异，一般是在夏、秋、冬三个季节母羊有发情表现。母羊发情时，卵巢机能活跃，滤泡发育逐渐成熟，并接受公羊交配。

平时，卵巢处于静止状态，滤泡不发育，也不接受公羊的交配。母羊发情之所以有一定的季节性，是因为在不同的季节中，光照、气温、饲草饲料等条件发生变化，由于这些外界因素的变化，特别是母羊的发情要求由长变短的光照条件，所以发情主要在秋、冬两季。在饲养管理条件良好的年份，母羊发情开始早，而且发情整齐、旺盛。公羊在任何季节都能配种，但在气温高的季节，易出现性欲减弱或者完全消失，精液品质下降，精子数目减少，活力降低，畸形精子增多。在气候温暖、海拔较低、牧草饲料良好的地区，饲养的绵羊、山羊品种一般一年四季都发情，配种时间不受限制。

二、羊性机能的发育过程

母羊生长发育到一定年龄后，下丘脑—垂体—性腺轴会周期性地分泌生殖激素，引起发情。羊是季节性发情动物，秋冬季一般为发情旺季，但湖羊和长江三角洲白山羊等品种往往表现全年发情，通过早期断奶可实现2年3胎乃至1年2胎。性成熟是指性器官已经发育完全，具有产生繁殖能力的生殖细胞和性激素。绵羊的性成熟时期，虽因品种和分布地区的不同而略有差异，但一般是在5～8月龄，在这个时候，公羊可以产生精子，母羊可以产生成熟的卵子，如果此时公羊、母羊相互交配，即能受胎。但要指出：绵羊达到性成熟时并不意味着可以配种，因为绵羊刚达到性成熟时，其身体并未达到充分发育的程度，如果这时进行配种，就可能影响它自身和胎儿的生长发育。因此，公羔、母羔在4月龄断奶时，一定要分群管理，以免偷配。

表2-1　母羊的性机能发育期

种类	初情期（月）	性成熟（月）	适配年龄（月）	体成熟（月）	繁殖终止期（年）
山羊	4～6	6～10	8～12	12～15	7～8
绵羊	4～5	6～10	8～12	12～15	8～11

山羊的发情周期为20～21天，发情持续时间一般为18～48小时。绵羊的发情周期平均为17天，发情期持续时间一般为24～36小时。可根据发情鉴定和发情持续期来确定配种时间。

绵羊的初次配种年龄一般在1.5岁左右，但也受绵羊品种和饲养管理条件的制约。

在当前我国的广大农村牧区，凡是草场或饲养条件良好、绵羊生长发育较好的地区，初次配种都在1.5岁，而草场或饲养条件较差的地区，初次配种年龄往往推迟到2～3岁时进行。如中国美利奴羊（军垦型），母羊性成熟一般为8月龄，早的6月龄；羊体成熟12～15月龄，当体重达到成年母羊的85%时，可进行第一配种，一般初配年龄以18月龄为宜。羊的性成熟比绵羊略早，如青山羊的初情期为108.42日龄±17.75日龄，马头山羊为154.30日龄±16.75日龄。

三、母羊的发情鉴定

发情鉴定的目的是及时发现发情母羊，正确掌握配种或人工授精的时间，防止误配或漏配，提高受胎率。羊的发情鉴定一般采用外部观察法、阴道检查法和试情法等。

图2-11　发情母羊外阴部充血

图2-12　公羊试情

（一）外部观察法

发情母羊兴奋不安，食欲减退，外阴部充血、肿胀，并有黏液排出。

（二）阴道检查法

利用阴道开膣器打开母羊阴道，发情母羊阴道黏膜充血、潮红、光亮湿润，有透明黏液流出，子宫颈口充血、松弛、开张。

（三）试情法

在试情公羊腹部绑好试情布，放入母羊群后，适度驱赶母羊群，如果母羊主动接近公羊并接受爬跨，即表明已发情。

（四）卵泡发育和排卵

卵巢上有卵泡发育成熟，发育成熟后卵泡破裂，卵子排出。

母羊在某一时期出现上述特征，通常都称为发情。母羊从开始表现上述特征到这些特征消失为止，这一时期叫发情持续期。

母羊的发情持续期与品种、个体、年龄和配种季节等有密切的关系。如中国美利奴羊为1～2天，山东小尾寒羊为30.23小时±4.84小时，马头山羊为2～3天，波尔山羊为1～2天，青山羊为49.56小时±11.83小时。

羊在发情期内，若未经配种，或虽经配种但未受孕时，经过一定时期会再次出现发情。由上次发情开始到下次发情开始的期间，称为发情周期。发情周期同样受品种、个体和饲养管理条件等因素的影响。如阿勒泰羊为16～18天，湖羊为17.5天，成都麻羊为20天，雷州山羊为18天，波尔山羊为14～22天。

四、妊娠与分娩

绵羊、山羊从开始怀孕到分娩，这一时期称为怀孕期或妊娠期。怀孕期的长短，因品种、多胎性、营养状况等的不同而略有差异，早熟品种多半是在饲料比较丰富的条件下育成，怀孕期较短，平均为145天；晚熟品种多在放牧条件下育成的，怀孕期较长，平均为149天。

部分绵羊、山羊品种平均怀孕期如下：南丘羊144天，施罗普夏羊145天，萨福克羊147天，罗姆尼羊148 天，考力代羊150天，中国美利奴羊为151.6 天±2.31天，无角道赛特羊为147.39 天±1.46天，波德代羊为145.62天±1.52天，小尾寒羊为148.29天±2.06天，马头山羊为149.68天±5.35天，建昌黑山羊为149.13天±2.69天，波尔山羊为148.2天±2.6天。

（一）妊娠诊断

外部观察法：母羊妊娠后周期发情停止，性情变得温顺，体重增加，配种后3～4个月时腹围明显增大，且右侧比左侧凸起明显，乳房胀大，可结合触诊法来进行诊断。

超声波诊断法：B超诊断妊娠的时间较早（4周），羊只需简单的保定，花时间少，是一种快速、准确、安全的方法，但需要专业的技术人员及B超仪。

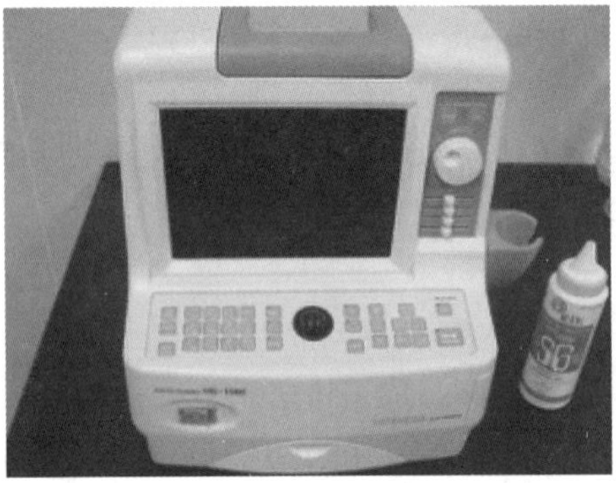

图2-13　B超仪

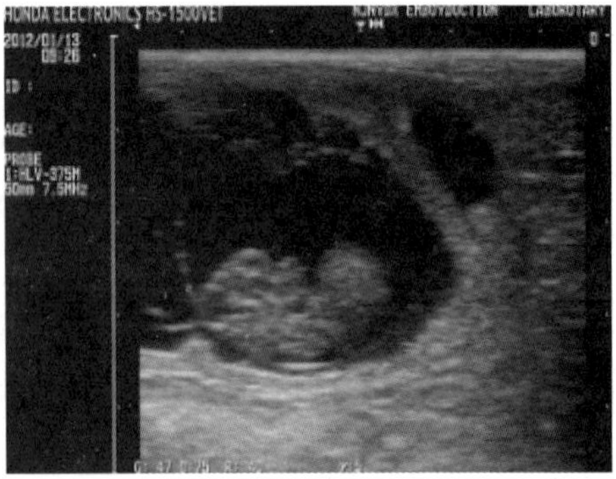

图2-14　B超仪诊断

（二）分娩

随着胎儿的发育成熟和预产期的临近，母羊的生殖器官与骨盆部都发生一系列的变化：

1.乳房在分娩前迅速发育，腺体充实，肿胀增大，有的还出现水肿。

2.分娩前数天，阴唇逐渐变松软、肿胀、体积增大，皮肤展平并充血变红，从阴道流出浓稠黏液。

3.骨盆韧带在临产前开始变得松软，荐坐韧带软化，荐骨后端的活动性增大，尾根两侧下陷。

4.产前精神抑郁，不安地来回走动，回顾腹部，时起时卧，咩叫，有的羊用前肢刨地。

（三）接产

产羔工作开始前3～5天，必须对接羔棚舍、运动场、饲草架、饲槽、分娩栏等进行修理和清扫，并用3%～5%的碱水或10%～20%的石灰乳溶液或其他消毒药品进行比较彻底的消毒。消毒后的接羔棚舍，应当做到地面干燥，空气新鲜，光线充足，挡风御寒。接羔棚舍内可分大、小两处，大的一处放母子群，小的一处放初产母子，运动场内亦应分成两处，一处圈母子群，羔羊小时白天可留在这里，羔羊稍大时，供母子夜间停宿；另一处圈待产母羊群。先剪去临产母羊乳房周围和后肢内侧的羊毛，然后用温水洗净乳房，挤出几滴初乳，再将母羊的尾根、外阴部等洗净，用1%来苏儿溶液消毒。正常分娩的母羊在羊膜破裂后30分钟左右羔羊便能顺利产出。产双羔时，一般间隔10～30分钟就能产出第二只羔羊。

五、产后母羊和羔羊的护理

产后应对母羊外阴部周围、尾根黏附的恶露和血块进行清洗、消毒，并防止蚊蝇叮咬，褥草要经常更换，保持清洁、干燥。母羊产后抗病力弱，食欲差，应给予品质好、易消化的饲料。羔羊出生后，应立即清除其口腔和鼻腔的黏液，以防窒息或异物性肺炎。羔羊出生时脐带一般会自行扯断，这时可用5%的碘酒在断端消毒。脐带未断时，接产人员要先把脐带内的血液向羔羊脐部顺捋几次，然后再扯断脐带，并消毒处理。要防止羔羊互相舔吮脐带，以防脐带感染发炎。应及早让母羊舔干羔羊身上的羊水，这样既可促进新生羔羊的血液循环，又有助于母羊认羔。新生羔羊应在30分钟内吃到足量初乳，可增强羔羊的抵抗力。产后母羊和羔羊可用单独的母子圈饲养。寒冷季节为便于羔羊保暖和单独补饲可采用羔羊哺育箱。

六、羔羊的断尾

为了保持羊毛的清洁，防止发生寄生虫病，有利于母羊配种，羔羊生后1周左右即可断尾，身体瘦弱的羊或天气过冷时，可适当延长。断尾最好在晴天的早上进行，不要在阴雨天或傍晚进行。

（一）热断法

需要一个特制的断尾钳和两块20厘米见方的两面钉上铁皮的木板。一块木板的下方凿一个半圆形的缺口，断尾时把尾巴正压在半圆形的缺口里，这块木板不但用来压住尾巴，而且断尾时可防止灼热的断尾铲烫伤羔羊的肛门和睾丸；另一块木板断尾时衬在板凳上面，以免把凳子烫坏。断尾时需两人配合，一人保定羔羊，一人在离尾根4厘米处（第三、第四尾椎之间），用带有半圆形缺口的木板把尾巴紧紧压住，把灼热的断尾钳放在尾巴上稍微用力往下压，即将尾巴断下。

（二）结扎法

用橡皮筋在第三、第四尾椎之间紧紧扎住，断绝血液流通，下端的尾巴10天左右即可自行脱落。断尾时切的速度不宜过快，否则止不住血。断下尾巴后若仍出血，可用热钳烫一烫，然后用碘酊消毒。

七、羔羊的去势

羊去势后性情温顺，管理方便，节省饲料，肥育后肉的膻味小，凡不作种用的公羔一律去势。公羔出生后2～3周去势为宜，如遇天冷或体弱的羔羊，可适当延迟。去势和断尾可同时进行，最好在上午去势，以便全天观察和护理去势羊。

（一）刀切法

用手术刀切开阴囊，摘除睾丸。手术时需两个人配合，一人保定羊，一人做去势手术。手术前，阴囊外部用碘酊消毒。手术者一手握住阴囊上方，以防睾丸回缩至腹腔内，另一手在阴囊侧下方切开一小口，长度以能挤出睾丸为度，切开后把睾丸连同精索拉出，为防止出血过多最好用手撕断，不用刀割或剪刀剪。一侧的睾丸挤出后，同法取出另一侧的睾丸。睾丸摘除后，阴囊内撒20万～30万单位的青霉素粉，然后对切口消毒缝合。

（二）去势钳法

用特制的去势钳，在阴囊上部用力将精索夹断后，睾丸会逐渐萎缩。

（三）结扎法

将睾丸挤进阴囊里，用橡皮筋或细绳紧紧地结扎阴囊的上部，断绝睾丸的血液流通，经15天左右，阴囊及睾丸萎缩后会自动脱落。去势操作要严格消毒，刀切法去势后阴囊内要用碘酊彻底消毒，结扎法去势一定要紧紧结扎，否则容易感染。

八、羔羊的断奶

（一）早期断奶的优点

实施羔羊早期断奶，一是缩短了母羊的繁殖周期，减少空怀时间，母羊可以减少体内消耗，迅速恢复体力，为下轮配种做好准备，提高母羊利用效率，母羊的繁殖率可由2年3产提高到3年5产。二是缩短生产周期，羔羊早期断奶后，通过短期肥育，4～5月龄可达到30～40千克出栏。三是缩短羔羊哺乳期，减轻劳动强度，降低培育成本。四是便于组织生产，在集约化养殖过程中，大多采用同期发情等繁殖技术，使母羊产羔整齐，产羔集中。实施早期断奶技术，有利于现代集约化生产，实现羔羊集中肥育、集中出栏。五是羔羊早期断奶，使羔羊较早采食饲料，提高了羔羊在后期培育中的采食量和粗饲料的利用率，加快了羔羊生长速度，缩短肥育时间。

（二）羔羊早期断奶方法

羔羊正常断奶时间在42～60天，羔羊出生后7～10天开始训练采食，可以制作颗粒饲料训练，增加羔羊补饲槽。要逐渐进行断奶，羔羊计划断奶前10天，晚上羔羊与母羊在一起，白天将母羊与羔羊分开，让羔羊在饲槽和饮水槽的补饲栏内活动。羔羊活动范围的地面应干燥、防雨、通风良好，另外，要及时做好羔羊的防疫。

任务五　羊的繁殖技术

一、羊的配种方法

羊的配种方法有两种，即自然交配和人工授精。自然交配是养羊业中最原始的配种方法。这种配种方法是在绵羊的繁殖季节，将公羊、母羊混群放牧，任其自由交配。用这种方法配种时，节省人工，不需要任何设备。如果公羊、母羊比例适当（一般1∶30～1∶40），受胎率也相当高。但是，用这种方法配种也有许多缺点，由于公羊、母羊混群放牧，公羊在一天中追逐母羊交配，故影响羊群的采食抓膘，而且公羊的精力也消耗太大；无法了解后代的血缘关系；不能进行有效的选种选配。另外，由于不知道母羊配种的确切时间，无法推测母羊的预产期，同时由于母羊产羔时期拉长，所产羔羊年龄大小不一，从而给管理上造成困难。赵有璋技术团队在技术、设备、劳动力等条件不足的甘肃省甘南牧区，利用家畜性行为特点，到繁殖季节，将几只体质健壮、精力充沛和精液品质良好的种公羊同时投入繁殖母羊群中，公母比例为1∶（80～100），让公母羊自由交配。但是每天必须将公羊从母羊群中分隔出来休息半天，并且进行补饲，保证其配种需要的营养。实践证明，这种方法效果十分理想。为了克服自然交配的缺点，但又不需进行人工授精时，可采用人工辅助交配法。即公、母分群放牧，到配种季节每天对母羊进行试情，然后把挑选出来的发情母羊与指定的公羊进行交配。采用这种方法配种，可以准确登记公羊、母羊的耳号及配种日期，从而能够预测分娩期，节省公羊精力，提高受配母羊头数，同时也比较有利于羊的选配工作。羊的人工授精是指通过人为的方法，将公羊的精液输入母羊的生殖器内，使卵子受精以繁殖后代，它是近代畜牧科学技术的重大成就之一，是当前我国养羊业中常用的技术措施，与自然交配相比有以下优点：

第一，扩大优良公羊的利用率。在自然交配时，公羊射一次精只能配一只母羊。如果采用人工授精的方法，由于输精量少和精液可以稀释，公羊的一次射精量，一般可供几只或几十只母羊的受精之用。因此，应用人工授精方法，不但可以增加公羊配母羊的数量，而且还可以充分发挥优良公羊的作用，迅速提高羊群质量。

第二，可以提高母羊的受胎率。采用人工授精的方法，由于将精液完全输送到母羊的子宫颈或子宫颈口，增加了精子与卵子结合的机会，同时也解决了母羊因阴道疾病或因子宫颈位置不正所引起的不育；再者，由于精液品质经过检查，避免了因精液品质的不良所造成的空怀。因此，采用人工授精可以提高受胎率。

第三，采用人工授精方法，可以节省购买和饲养大量种公羊的费用。例如，有适龄母羊3000只，如果采用自然交配方法，至少需要购买种公羊80～100只，而如果采用人工授精方法，在我国目前的条件下，只需购买10只左右就行了。这样就节省了大量的购买种公羊及种公羊的饲养管理费用。

第四，可以减少疾病的传染。在自然交配过程中，由于羊体和生殖器官的相互接触，就有可能把某些传染性疾病和生殖器官疾病传播开来。采用人工授精方法，公羊、母羊不直接接触，器械经过严格消毒，这样传染病传播机会就可以大大减少了。

第五，由于现代科学技术的发展，公羊的精液可以长期保存和实行远距离运输。这样，对于进一步发挥优秀公羊的作用，迅速改造低产养羊业的面貌将有着重要的作用。

二、配种时期的选择

羊配种时期的选择，主要是根据在什么时期产羔最有利于羔羊的成活和母仔健壮来决定。

在年产羔一次的情况下，产羔时间可分两种，即冬羔和春羔。一般7～9月配种，12月至翌年1～2月产羔叫冬季产羔；在10～12月配种，第二年3～5月产羔叫产春羔。

大型羊场和农牧民饲养户产冬羔还是产春羔，不能强求一致，要根据所在地区的气候和生产技术条件来决定。为了进一步分析羊最适宜的配种时间，就应当把产冬羔和产春羔的优缺点作一比较。产冬羔的主要优点：母羊在怀孕期，由于营养条件比较好，所以羔羊初生重量大，在羔羊断奶以后就可以吃上青草，因而生长发育快，第一年的越冬度春能力强。由于产羔季节气候比较寒冷，因而肠炎和羔羊痢疾病的发病率比春羔低，故羔羊成活率比较高。绵羊冬羔的剪毛量比春羔高，但是，在冬季产羔必须贮备足够的饲草饲料和准备保温良好的羊舍。同时，劳力的配备也要比产春羔的多，如果不具备上述条件，产冬羔则会给养羊业生产带来损失。产春羔时，气候已经开始转暖，因而对羊舍的要求不严格。由于母羊在哺乳前期已能吃上青草，因此能分泌较多的奶汁哺乳羔羊。但产春羔的主要缺点是母羊在整个怀孕期处在饲草饲料不足的冬季，母羊营养不良，因而胎儿的个体发育不好，初生重量比较小，体质弱，这样的羔羊，虽经夏秋季节的放牧可以获得一些补偿，但是，紧接着冬季到来，羔羊比较难于越冬度春；绵羊在第二年剪毛时，无论剪毛量还是体重，都不如冬羔高。另外，由于春羔断奶时已是秋季，故对断奶后母羊的抓膘有影响，特别是在草场不好的地区，对于母羊的发情配种及当年的越冬度春都有不利的影响。

三、诱导发情技术

1.激素诱导发情。通常可用促性腺激素释放激素（GnRH）、促性腺激素（FSH、LH、PMSG、hCG等）、孕酮、雌激素和前列腺素（PGF2a）等诱导不发情的母羊发情。

2.公羊效应。在群养的条件下，将公羊放入母羊群中，可刺激母羊发情。

3.提早断奶。哺乳羔羊提早断奶，可诱导母羊提早出现发情。

四、同期发情技术

1.前列腺素处理法。在发情周期的第9天以后，注射前列腺素，通常可在注射后2～3天内发情。在繁殖季节，如果不能确定羊的发情周期，则可采用PGF2。两次注射法，即在第1次注射9～12天后再注射1次。

2.孕激素处理法。利用阴道海绵栓、CIDR栓给予孕酮或其类似物，可以抑制发情，撤栓后，孕酮的抑制作用消失，卵泡开始发育，从而使羊集中发情。

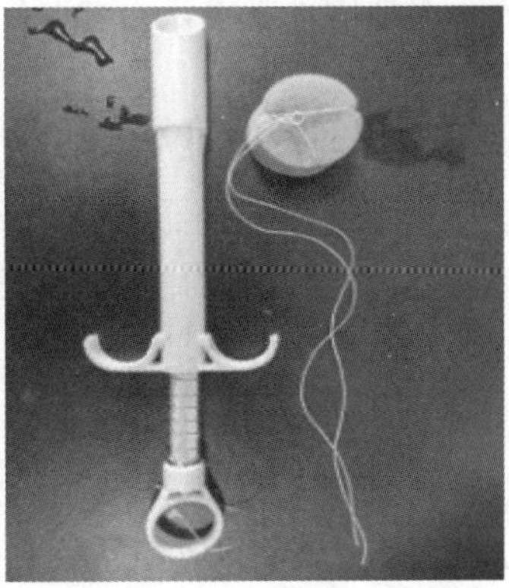

图2-15　阴道海绵栓及放栓枪

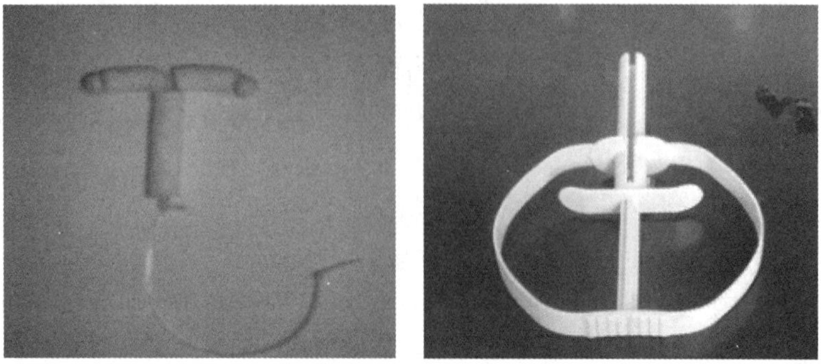

图2-16 阴道CIDR栓及放栓枪

五、羊的人工授精技术

（一）站址的选择及房舍设备

羊的人工授精站的站址，一般应选择在母羊分布密度大、水草条件好、有足够的放牧地、交通比较方便、无传染病、地势比较平坦、避风向阳而又排水良好的地方。

人工授精站需要有一定数量和一定规格的房屋和羊舍。房屋主要是采精室、精液处理室和输精室。羊舍主要是种公羊舍、试情公羊舍及试情圈等。有条件的羊场、乡村或专业户，还应考虑修建工作人员住房及库房等建筑。

采精室、精液处理室和输精室要求光线充足，地面坚实（最好铺砖块），以便清洁和减少尘土飞扬。此外，空气要新鲜，并且互相连接，以利于工作；室温要求保持在18～25C。面积：采精室12～20平方米，精液处理室8～12平方米，输精室20～30平方米。种公羊舍要求地面干燥，光线充足，有结实而简单的门栏，有补饲用的草架和饲槽。总之，一切建筑（也可以用塑料暖棚）既要有利于操作，又要因地制宜，力求做到科学、经济和实用。

（二）器械药品的准备

人工授精所需要的各种器械，如假阴道内胎、假阴道外壳、输精器、集精杯、金属开膣器等，以及常用的各种兽医药品和消毒药品，要按授精站的规模和承担的任务，事前做好充足的准备。

（三）公羊的准备

对参加配种的公羊，配种开始前1～1.5个月，应指定有关技术人员对其精液品质进行检查，目的有二：一是掌握公羊精液品质情况，如发现问题，可及早采取措施，以确保配种工作的顺利进行；另一目的是排除公羊生殖器中长期积存下来的衰老、死亡和解体的精子，促进种公羊的性机能活动，产生新精子。因此，在配种开始以前，每只种公羊至少要排精液15～20次，开始每天可采排精液一次，在后期每隔一天采排精液一次，对每次采得的精液都应进行品质检查。如果公羊初次参加配种，在配种前1个月左右，应有计划地对公羊进行调教。调教办法：让公羊在采精室与发情母羊本交几次；把发情母羊的阴道分泌物抹在公羊鼻尖上以刺激其性欲；注射丙酸睾酮，每次1毫克，隔1天1次；每天用温水把阴囊洗干净、擦干，然后用手由下而上地轻轻按摩睾丸，早、晚各一次，每次10分钟；别的公羊采精时，让被调教公羊在旁“观摩”；加强饲养管理，增加运动里程和运动强度等。

试情公羊的准备：由于母羊发情症状不明显，发情持续期短，漏过一次就会耽误配种时间至少半个多月。因此，在人工授精工作中，必须用试情公羊每天从大群待配母羊中找出发情母羊适时进行配种，所以试情公羊的作用不能低估。选作试情公羊的个体必须体质结实，健康无病，行动灵活，性欲旺盛，生产性能良好，年龄在2～5岁。试情公羊的数量一般为参加配种母羊数的2%～4%。

（四）母羊群的准备

凡确定参加人工授精的母羊，要单独组群，认真管理，防止公羊、母羊混群，防止偷配。在配种开始前5～7天，被挑选出的母羊应进入授精站范围内的待配母羊舍（圈）；在配种前和配种期，要加强饲养管理，使羊只吃饱喝足和休息好，做到满膘配种。

（五）试情

每天清晨（或早、晚各一次），将试情公羊赶入待配母羊群中进行试情，凡愿意与公羊接近，并接受公羊爬跨的母羊即认为是发情羊，应及时将其捕捉并送至发情母羊圈中。有的处女羊发情症状表现不明显，虽然有时与公羊接近，但又拒绝接受爬跨，这种情况也应将羊捕捉，然后辅之以阴道检查判定。为了防止试情公羊偷配，试情时应在试情公羊腹下系上试情布，试情布要捆结实，以免阴茎脱出造成偷配。每次试情结束，要清洗试情布，以防布面变硬，擦伤阴茎。我国许多地区还推广了对试情公羊进行输精管结扎和阴茎移位，既节约了大量用布，又杜绝了偷配，同时还减轻了工作负担，受到普遍欢迎。但阴茎移位的角度要合适，每年试情工作开始前对所有阴茎移位的公羊要进行一次移位角度的检查。输精管结扎的试情公羊，一般使用2～3年后要更换。

为了节省人力和时间，在澳大利亚，在公羊的试情布上安置一个特别的自动打印器，然后将系上这种试情布的试情公羊随母羊群放牧。在配种开始前，只需将羊群中臀部留有印记的母羊捕捉出来，并送至发情母羊圈中待配即可。

试情工作与配种成绩关系非常密切，在某种程度上甚至成为羊人工授精工作成败的关键。因此，在试情工作中要力求做到：认真负责，仔细观察，随时注意试情公羊的动向，及时捕捉发情母羊，随时驱散成堆的羊群，为试情公羊接触母羊创造条件；在试情过程中要始终保持安静，禁止无故惊扰羊群；为了抓尽发情母羊，每天试情时间，属于7～9月配种的应不少于1.5小时，属于10～12月配种的应不少于1.0小时。

（六）采精

1.消毒。凡是人工授精使用的器械，都必须经过严格的消毒。在消毒以前，应将器械洗净擦干，然后按器械的性质、种类分别包装。消毒时，除不易放入或不能放入高压消毒锅（ 或蒸笼）的金属器械、玻璃输精器及胶质的内胎以外，一般都应尽量采用蒸汽消毒，其他采用酒精或火焰消毒。蒸汽消毒时，器材应按使用的先后顺序放入消毒锅，以免使用时在锅内乱寻找，耽误时间。凡士林、生理盐水棉球用前均需消毒好。消毒好的器材、药液要防止污染并注意保温。

2.采精前假阴道的准备。

（1）假阴道的安装和消毒。首先检查所用的内胎有无损坏和沙眼，若完整无损，最好先放入开水中浸泡3～5分钟。新内胎或长期未用的内胎，必须用热肥皂水或洗衣粉刷洗干净、擦干，然后进行安装。

安装时先将内胎装入外壳，并使其光面朝内，而且要求两头等长，然后将内胎一端翻套在外壳上，依同法套好另一端，此时注意勿使内胎扭转，并使松紧适度，然后在两端分别套上橡皮圈固定。

消毒时用长柄镊子夹上65%酒精棉球消毒内胎，从内向外旋转，勿留空间，要求彻底，等酒精挥发后，用生理盐水棉球多次擦拭、冲洗。

集精杯（瓶）采用高压蒸汽消毒，也可用65%酒精棉球消毒，最后用生理盐水棉球多次擦拭，然后安装在假阴道的一端。

（2）灌注温水。左手握住假阴道的中部，右手用量杯或吸水球将温水从灌水孔灌入，水温约50～55℃，以采精时假阴道温度达40～42℃为目的。水量约为外壳与内胎间容量的1/2～2/3，实践中常以竖立假阴道、水达灌水孔即可。最后装上带活塞的气嘴，并将活塞关好。

（3）涂抹滑剂。用消毒玻璃棒（或温度计）取少许凡士林，由外向内涂抹均匀一薄层，其涂抹深度以假阴道长度的1/2为宜。

（4）检温、吹气加压。从气嘴吹气，用消毒的温度计插入假阴道内检查温度，以采精时达40～42℃为宜。若过低或过高，可用热水或冷水调节。当温度适宜时吹气加压，使涂凡士林一端的内胎壁合拢，口部呈三角形为宜。最后用纱布盖好入口，准备采精。

3.采精的方法和步骤。

（1）采精场地。首先要有固定的采精场所，以便使公羊建立交配的条件反射。如果在露天采精，则采精的场地应当避风、平坦，并且要防止尘土飞扬。采精时应保持环境安静。

（2）台羊的准备。对公羊来说，台羊（母羊）是重要的性刺激物，是用假阴道采精的必要条件。台羊应当选择健康、体格大小与公羊相似的发情母羊。用不发情的母羊作为台羊不能引起公羊性欲时，可先用发情母羊训练数次即可。在采精时，须先将台羊固定在采精架上。

如用假母羊作台羊，须先经过训练，即先用真母羊为台羊，采精数次，再改用假母羊为台羊。假母羊是用木料制成的木架（大小与公羊体相似），架内填上适量的麦草或稻草，上面覆盖一张羊皮并固定之。

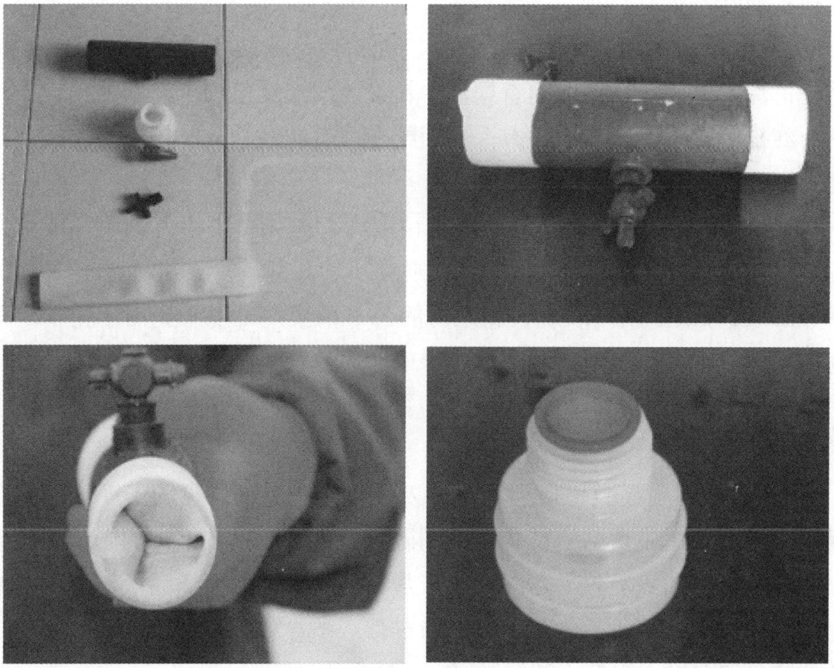

图2-17　假阴道的组件

（3）公羊的牵引。在牵引公羊到采精现场后，不要使它立即爬跨台羊，要控制几分钟，再让它爬跨，这样不仅可增强其性反射，也可提高所采取精液的质量。公羊阴茎包皮孔部分，如有长毛应事先剪短，如有污物应擦洗干净。

（4）采精技术。采精人员用右手握住假阴道后端，固定好集精杯（瓶），并将气嘴活塞朝下，蹲在台羊的右后侧，让假阴道靠近公羊的臀部，当公羊跨上母羊背上的同时，应迅速将公羊的阴茎导入假阴道内，切忌用手抓碰摩擦阴茎。若假阴道内的温度、压力、滑度适宜，当公羊后躯急速向前用力一冲，即已射精。此时，顺公羊动作向后移下假阴道，并迅速将假阴道竖起，集精杯一端向下，然后打开活塞上的气嘴，放出空气，取下集精杯，用盖盖好送精液处理室待检。

4.采精后用具的清理。倒出假阴道内的温水，将假阴道、集精杯放在热水中用洗衣粉充分洗涤，然后用温水冲洗干净、擦干，待用。

5.精液品质的检查。精液品质的检查，是保证受精效果的一项重要措施。主要检查的项目和方法如下：

（1）射精量。精液采集后，将精液倒入有刻度的玻璃管中观察即可。有的单层集精杯本身带有刻度，若用这种集精杯采精，采精后直接观察，无须倒入其他有刻度的玻璃容器。

（2）色泽。正常的精液为乳白色。如精液呈浅灰色或浅青色，是精子少的特征；深黄色表示精液内混有尿液；粉红色或淡红色表示有新的损伤而混有血液；红褐色表示在生殖道中有深的旧损伤；有脓液混入时精液呈淡绿色；精液囊发炎时，精液中可发现絮状物。

（3）精液的气味。刚采得的正常精液略有腥味，当睾丸、附睾或附属生殖腺有慢性化脓性病变时，精液有腐臭味。

（4）云雾状。用肉眼观察新采得的公羊精液，可以看到由于精子活动所引起的翻腾滚动极似云雾的状态。精子的密度越大、活力越强者，则其云雾状越明显。因此，根据云雾状表现明显与否，可以判断精子活力的强弱和精子密度的大小。

（5）活力。用显微镜检查精子活力的方法：用消过毒的干净玻璃棒取出原精液一滴，或用生理盐水稀释过的精液一滴，滴在擦洗干净的干燥的载玻片上，并盖上干净的盖玻片。盖时使盖玻片与载玻片之间充满精液，避免气泡产生，然后放在显微镜下放大300～600倍进行观察，观察时盖玻片、载玻片、显微镜载物台的温度不得低于30℃，室温不能低于18℃。

（6）密度检查。羊的射精量少、密度大，每毫升平均20亿～30亿（范围在10亿～50亿）。生产中精液密度检查的方法通常用细胞计数板法。精子密度的参考标准如表2-2所示，显微镜下不同密度的精液见图2-18。

表2-2　精子密度判定标准

精子密度	判定标准
密	在视野中可见精子密密麻麻，精子相互之间看不到空隙
中	精子和精子之间有一个精子长度的空隙
稀	精子与精子之间空隙很大，超过一个精子长度

图2-18　显微镜下不同密度精液示意图

6.精液的稀释。精液稀释的目的：

（1）增加精液容量和扩大配种母羊的头数。在公羊每次射出的精液中，所含精子数目甚多，但真正参与受精作用的只有少数精子，因此，将原精液作适当的稀释，即可增加精液容量，进而可以为更多的发情母羊配种。

（2）延长精子的存活时间，提高受胎率。精液经过适当的稀释后，可以延长精子存活时间，其主要原因：减弱副性腺分泌物对精子的有害作用，因为副性腺分泌物中含有大量的氯化钠和钾，它们会引起精子膜的膨胀和中和精子表面的电荷；能补充精子代谢所需要的养分；缓冲精液中的酸碱度；抑制细菌繁殖，减弱细菌对精子的危害作用。由于精液稀释后延长了精子的存活时间，故有助于提高受胎率。

（3）精液通过适度的稀释，可延长精子的存活时间，故有利于精液的保存和运输。为增加精液容量而进行稀释时，可用以下几种稀释液。

一是0.9%氯化钠溶液。蒸馏水100毫升，氯化钠0.9克。将氯化钠加入蒸馏水中，用玻璃棒搅拌，使其充分溶解，然后用滤纸过滤，再经过煮沸消毒或高压蒸汽消毒。消毒后因蒸发所减少的水分，用蒸馏水补充，以保持溶液原来的浓度。

二是乳汁稀释液。先将乳汁（牛乳或羊乳）用4层纱布过滤在三角瓶或烧杯中，然后隔水煮沸消毒10～15分钟，取出冷却，除去乳皮即可应用。上述稀释简便易行，但只能即时输精用，不能作保存和运输精液之用，稀释倍数一般为1～3倍。

若需大倍稀释，并保存一定时间和远距离运送的绵羊精液，根据王福臣等在大面积上进行7年的研究和实践，可采用以下两种稀释液。

1号液：枸橼酸钠1.4克，葡萄糖3.0克，新鲜卵黄20克，青霉素10万国际单位，蒸馏水100毫升。

2号液：枸橼酸钠2.3克，氨苯磺胺0.3克，蜂蜜10克，蒸馏水100毫升。

上述稀释液稀释精液的倍数，若原精液每毫升精子密度10亿个，活率0.8以上，可进行10倍稀释；密度20亿个，活率0.9以上，可进行20倍稀释。然后用安瓿分装，用纱布包好，置于5～10℃的冷水保温瓶内贮存或运输。但在运输过程中，要防止震荡和升温。

7.输精。输精在羊人工授精的实际工作中，因为母羊发情持续时间短，再者很难准确地掌握发情开始时间，所以当天抓出的发情母羊就在当天配种1～2次（若每天配一次时在上午配，配两次时上、下午各配一次），如果第二天继续发情，则可再配。将待配母羊牵到输精室内的输精架上固定好，并将其外阴部消毒干净。输精员右手持输精器，左右持开膣器，先将开膣器慢慢插入阴道，再将开膣器轻轻打开，寻找子宫颈。如果在打开开膣器后，发现母羊阴道内黏液过多或有排尿表现，应让母羊先排尿或设法使母羊阴道内的黏液排净，然后将开膣器再插入阴道，细心寻找子宫颈。子宫颈附近黏膜颜色较深，当阴道打开后，向颜色较深的方向寻找子宫颈口可以顺利找到。找到子宫颈后，将输精器前端插入子宫颈口内0.5～1.0厘米深处，用拇指轻压活塞，注入原精液0.05～0.1毫升或稀释液0.1～0.2毫升。如果遇到初配母羊，阴道狭窄，开膣器插不进或打不开，无法寻见子宫颈时，只好进行阴道输精，但每次至少输入原精液0.2～0.3毫升。

在输精过程中，如果发现母羊阴道有炎症，而又要使用同一输精器精液进行连续输精时，在对有炎症的母羊输完精之后，用96%的酒精棉球擦拭输精器进行消毒，以防母羊相互传染疾病。但使用酒精棉球擦拭输精器时，要特别注意棉球上的酒精不宜太多，而且只能从后部向尖端方向擦拭，不能倒擦。酒精棉球擦拭后，用0.9%的生理盐水棉球重新再擦拭一遍，才能对下一只母羊进行输精。输精后用具的洗涤与整理：输精器用后立即用温碱水或洗涤剂冲洗，再用温水冲洗，以防精液黏固在管内，然后擦干保存。开膣器先用温碱水或洗涤剂冲洗，再用温水洗，擦干保存。其他用品，按性质分别洗涤和整理，然后放在柜内或放在桌上的搪瓷盘中，用布盖好，避免尘土污染。

项目三　各类饲料的生产技术及羊的日粮配合

任务一　饲料种类及其营养特性

一、青贮饲料

青贮饲料指由新鲜的天然植物性饲料，或者是在新鲜的植物性饲料中加各种辅料（如麦麸、玉米粉、尿素、糖蜜）、防腐剂及其他青贮添加剂后，在厌氧环境下，让乳酸菌大量繁殖，将饲料中的糖类转变成乳酸。当乳酸累积到一定浓度而使青贮物中的pH下降到3.8～4.2时，可抑制其他有害微生物（如腐败菌、霉菌等）的繁殖，达到长期保存青绿饲料的目的。

青贮饲料的营养特性：

第一，青贮饲料本身干物质的营养成分与原料饲料有很大的差别。青贮饲料的粗蛋白主要由非蛋白氮组成；而无氮浸出物中，糖分极少，乳酸和醋酸含量相当高。

第二，青贮饲料与原料相比，蛋白质的消化率非常接近，但青贮饲料中粗蛋白被动物利用的效率比原料要低。这可能是由于青贮料中能量物质含量不高，“供能”不足，降低了瘤胃中微生物蛋白质合成效率的缘故。因此，在饲喂青贮饲料时，必须添加易发酵的碳水化合物，以满足微生物对非蛋白氮的利用。

第三，制作良好的青贮饲料代谢能值（以干物质计）为10.0～12.5兆焦/千克，这主要取决于收割时的成熟阶段和保藏方法。青贮饲料代谢能在维持和育肥时利用效率分别为0.68和0.43。

第四，许多试验表明，羊对青贮饲料干物质的采食量比原料和同源干草都要低。这可能是受这些因素的影响：一是青贮饲料的酸度，采食后，瘤胃中酸度增加，体液中酸碱平衡紧张；二是青贮饲料中酪酸梭菌的发酵，酪酸梭菌发酵过程产生不良气味，而且有毒，这都对采食量有影响。

二、青绿饲料

青绿饲料主要包括天然牧草、农作物秸秆、树叶及林产类、叶菜、瓜果类、根茎类等，水分含量在60%以上的青绿多汁饲料。

青绿饲料的营养特性：

第一，含水量高。陆生植物的含水量为75%～90%，而水生植物约为95%。因此，鲜草的能量含量低，如以干物质作基础计算，其能量含量为8400～12600千焦/千克。

第二，蛋白质含量高，质量好。青绿饲料中蛋白质含量丰富，以干物质计，禾本科牧草和蔬菜类含量为13%～15%，豆科牧草中含量为18%～24%。蛋白质中氨化物占总氮量的30%～60%，绵羊对此类粗蛋白的利用率较高。

第三，粗纤维含量变化大。幼嫩的青绿饲料粗纤维含量较低，木质素少，无氮浸出物高。但随着植物的生长和老化，其粗纤维和木质素含量逐渐增加，动物对其消化率下降。

第四，钙磷比例适宜。青绿饲料中钙磷含量占鲜样的1.5%～2.5%，是家畜的良好来源，且其比例适宜。

第五，维生素含量丰富。特别是胡萝卜素含量较高，每千克饲料中含50～80毫克。在正常采食情况下，放牧家畜采食的胡萝卜素可超过其需要量的100倍。另外，B族维生素及维生素C、维生素E、维生素K含量也较多，但缺乏维生素B及维生素D。

三、能量饲料

干物质中粗纤维含量小于18%或细胞壁含量小于35%，同时粗蛋白含量大于20%的谷实类（如小麦、玉米、大麦、高粱、稻谷等）、糠麸类（如麦麸、米糠、玉米皮等）、淀粉质的块根块茎类（如马铃薯、木薯、甘薯等）、糟渣类（如醋渣、酒糟、甜菜渣等）均属能量饲料。

能量饲料的营养特性：

第一，能值高。这类饲料中无氮浸出物含量均较高（糠麸类除外），且其中主要是淀粉，可利用能值高，每千克的消化能为10.5～14.3兆焦。

第二，粗蛋白和必需氨基酸含量低。按干物质计算，粗蛋白一般为8.9%～13.5%。同时，蛋白质的品质差，主要表现在必需氨基酸不平衡，尤其缺乏赖氨酸和色氨酸。

第三，粗纤维含量低。粗纤维含量为1.5% ～12%，故有机物质消化率高，且适口性好。

第四，粗灰分含量低。粗灰分含量一般为1%～4%，其中钙低于0.1%，磷稍高些，但大多为植酸磷，利用率仅为总磷的1/3。因此，在日粮中应注意钙和磷的补加。

第五，维生素含量不平衡。这类饲料维生素A和维生素D含量不足，但富含

B族维生素和维生素E，如糠麸类中B族维生素较丰富。

四、粗饲料

凡饲料干物质中粗纤维含量在18%以上的都属粗饲料。它主要包括干草、纤维性农副产品（秸秆、秕壳类等）和林业产品（枯枝、树叶）三大类。

粗饲料的营养特性：

第一，豆科牧草干草的蛋白质和矿物质比禾本科干草的丰富。苜蓿是一种非常重要的豆科牧草，营养价值较高，许多国家都用它来调制干草。

第二，农副产品和林业类粗饲料，粗纤维含量高（30%～35%）。通过动物消化道的速度非常缓慢，适口性较差，动物大多不愿采食，在饲喂时要限制其用量。

第三，秸秆类饲料蛋白质含量较低，特别是禾本科秸秆的粗蛋白含量只有3.2%～6.2%，豆科作物的粗蛋白含量稍高，为6.8%～11.0%。另外，粗饲料中胡萝卜素含量较低，一般为2～5 毫克/千克。

第四，粗饲料是一种大容积性饲料，这种饲料可刺激动物的消化道充分发育，使其具有较大的生理有效容量。另外，胃肠道的正常蠕动、粪便的正常形成和排出都需要一定量的粗纤维性物质。因此，肉羊饲料中必须有一定量的粗饲料。

五、蛋白质饲料

干物质中粗纤维含量小于18%，同时粗蛋白含量在20%以上的饲料，均属蛋白质饲料。生产中常用的蛋白质饲料主要有：植物性蛋白质饲料、动物性蛋白质饲料、非蛋白氮及单细胞蛋白质饲料。

1.植物性蛋白质饲料。主要指饼粕类。油籽压榨取油后的副产品称为饼，如大豆饼、菜籽饼等。预榨一浸提取油后的副产品称为粕，如豆粕、棉粕等。

植物性蛋白饲料的营养特性：

第一，大豆饼粕的粗蛋白含量高（40%～47%），品质好。赖氨酸、精氨酸、亮氨酸和异亮氨酸的含量高，且比例适当。

第二，菜籽饼粕中粗蛋白含量一般为36%～39%，蛋白质消化率比豆粕略低，必需氨基酸的组成和比例不亚于豆粕，但蛋氨酸的含量稍低，使用时需适当补加。

第三，去壳的棉仁饼粕，粗蛋白含量在40%以上，未去壳的棉饼粕只有24%。赖氨酸、蛋氨酸的含量低，精氨酸的含量较高。在用棉粕为主要蛋白质来源时，需要补加赖氨酸和蛋氨酸。

第四，饼粕类饲料均不同程度地存在抗营养因子，如大豆饼粕中的抗胰蛋白酶、菜籽饼粕中的硫葡萄糖甙和棉籽饼粕中游离棉酚等，在使用时注意消除。

2.动物性蛋白质饲料。主要指用作饲料的水产品，畜禽加工副产品及乳、丝工业的副产品等，如鱼粉、肉骨粉、血粉、羽毛粉、乳清粉、蚕蛹粉等。动物性饲料的营养特性：

第一，蛋白质含量高，为40%～85%。

第二，灰分含量较高，钙磷含量丰富且比例适当。

第三，脂肪含量较高，易出现酸败。

3.非蛋白氮饲料。主要是指蛋白质之外的其他含氮物，如尿素、双缩尿、硫酸铵、磷酸氢二铵等。非蛋白氮的营养特性：

第一，粗蛋白含量高，如尿素中粗蛋白含量相当于豆粕的7倍。

第二，味苦，适口性差。

第三，不含能量，在使用中应注意补加能量物质。

第四，缺乏矿物元素，特别要注意补充硫、磷。

4.单细胞蛋白质。是利用糖、 氮、烃类等物质，通过工业方式，培养能利用这些物质的细菌、酵母等微生物制成的蛋白质，如饲料酵母。这种蛋白质的生物效价高，生产率高，世界各国对单细胞蛋白质的生产都十分重视。单细胞蛋白质的营养特性：

第一，由于单细胞蛋白质是由每个能独立自下而上的单细胞构成，所以产品中含有丰富的酶系，各种营养成分也比较协调。

第二，含有丰富的B族维生素、氨基酸和矿物质，粗纤维含量较低。

第三，单细胞蛋白质中赖氨酸含量高，蛋氨酸含量低。

第四，单细胞蛋白质具有独特的风味，对增进动物的食欲有良好的效果。

六、矿物质饲料

矿物质饲料是一种补充饲料，羊在生长、繁殖、生产的过程中需要20多种矿物质元素，天然饲料中都含有矿物质元素，但存在成分不全、含量不高等问题。因此，在舍饲时以及放牧中的繁殖母羊、种公羊和处于生长发育阶段的小羊要适当补充一些矿物质。矿物质饲料有食盐、石粉、贝壳粉、蛋壳粉、磷酸氢钙、磷酸钙、骨粉等，这类饲料不含蛋白质和热能。羊需要多种矿物质元素，任何一种供应不足，都会使羊体质减弱，增重率和繁殖下降，甚至造成死亡。食盐主要补充混合料中钠的不足，缺乏时羊会出现异嗜，生长受阻。给羊补食食盐，可以维持体液渗透压和酸碱平衡，刺激唾液分泌，提高饲料的适口性，增强食欲。石粉、贝壳粉、蛋壳粉等含钙量大，是羊只的补钙剂，骨粉、磷酸氢钙、磷酸钙是羊常用的钙、磷天然矿物质饲料。

七、饲料添加剂

饲料添加剂是指在配合饲料中加入的各种微量成分。它具有完善饲料的营养性，提高饲料效率，促进生长和预防疾病，减少饲料在贮存期间营养损失等作用。羊用添加剂可分为以下两大类：

1.营养性添加剂。主要有氨基酸剂（如蛋氨酸、赖氨酸、色氨酸）、矿物质微量元素添加剂（如铁、锌、锰、硒、碘、钴等）以及维生素添加剂（如维生素A、维生素D、维生素E、维生素C、维生素B族及烟酸、泛酸）等。其主要是补充或平衡必需的营养，维持正常的生理活动等。

2.非营养性添加剂。这类添加剂本身并不具有营养价值，但能增进机体健康，促使机体代谢和生长发育；或参与消化和神经调控；或改善饲料及产品质量；或能提高产品产量等。具体又分为以下几类：

（1）保健助长添加剂。主要有抑菌促生长添加剂、驱虫类添加剂、中草药添加剂、酶制剂和微生物制剂等添加剂。

（2）生理调控添加剂。包括瘤胃代谢控制剂、缓冲剂和有机酸添加剂等。

（3）改善饲料质量添加剂。主要包括有抗氧化剂、防霉防腐剂、青贮饲料添加剂、粗饲料调制添加剂及调味剂等。用于保护、改善饲料品质，增进食欲，提高饲料消化利用率等。

（4）抗应激添加剂。包括矿物质、脂肪、维生素和镇静剂等。主要用于机体的抗应激反应，增强对环境改变的适应能力。饲料添加剂用量要适当，且须预先混合均匀后，再放入配合饲料中去，否则混合不均，容易发生营养欠缺，药效不佳，或发生中毒起相反作用。

3.矿物质饲料的添加。羊在生长、繁殖、生产的过程中需要的20多种矿物质元素，绝大部分可由采食的草料中满足。舍饲的生理负担重的母羊（如妊娠后期、哺乳前期）或生长发育的羔羊，对矿物质的需求量很大，必须由日粮补给。

（1）食盐的添加。大多数植物性饲料中含钠和氯的数量不足，相反含钾较多。为了使其矿物质代谢平衡，必须在日粮中补饲食盐。给羊补充食盐，不仅补加了钠和氯，而且还可以提高其适口性，增加采食量。在缺碘地区，可用碘化食盐，效果较好。补饲食盐有四种方法：一是按饲养标准拌在混合料中；二是拌在青贮饲料中；三是拌在饮水中；四是增设食盐槽，让其根据需要，自由舔食。

（2）常用的含钙的矿物质。常用的为石粉、贝壳粉、蛋壳粉，它们的主要成分是碳酸钙。蛋壳含钙为25%左右。用鲜蛋壳制粉应注意消毒，以免蛋白质腐败，甚至带来传染病。贝壳含钙38.6%，生产中常用石粉补充饲料钙，因为其来源广，价格低。

（3）常用的含磷矿物质。这类饲料多属于磷酸盐类。常见的有磷酸二氢钠，含磷21.81%；磷酸氢钠，含磷25.8%；过磷酸钙，含磷26.45%。补饲含磷矿物质往往会引起磷和钙的同时变化。具体调配时应特别注意不要补加过量。

以上各类矿物质饲料，除食盐可单独喂外，其余通常混合于饲料中使用。

任务二　籽实饲料的加工和调制

一、常规加工调制方法

1.粉碎（磨粉）。籽实料喂羊，粉碎不宜过细，约2毫米大小。采用压碎方法即可。

2.挤压。采用螺旋搅拌器把磨碎的秆实料混拌，经过挤压机，减少料中微生物，增加可消化能量，同时减少饲料浪费和粉尘。此方法用于生产颗粒饲料或草粉颗粒饲料。

3.浸泡。目的是使籽实料膨胀、柔软，便于咀咬，一般料水比例为1∶1～1.5。蒸煮豆科杆实，破坏抗胰蛋白酶因子，提高其蛋白质的消化率和营养价值，处理时间不宜超20分钟。处理温度120℃，以防蛋白质变性，降低有效赖氨酸含量。禾本科籽实不宜蒸煮，否则会降低消化率。

4.糖化。淀粉丰富的籽实料，利用自身或麦芽淀粉酶的作用，使部分料转化为麦芽糖，提高其适口性。方法：把粉碎的谷粒，分次装入木桶，按料水比例1∶2～2.5加入80～85℃的水，搅拌后在桶上部撒厚5厘米的干料，盖上木板。桶温保持在60℃左右，经3～4小时，糖化饲料即成。如果加入干料中有2%的麦芽曲，保存时间不应超过10～14小时。

5.发芽。仅用于大麦料。于麦粒中加入清水，使之刚浸没，约浸12小时，粒皮膨胀，平铺于盆内，厚约3～4厘米，上盖麻袋，待芽长7～9厘米，用来在冬春喂羊或喂妊娠母羊。

二、饼类去毒和利用

1.菜籽饼的脱毒和利用。油菜籽是主要油料之一，榨油后菜籽饼的蛋白质含量很高，是畜牧业蛋白质资源。因含有毒素，多作肥料。菜籽饼的毒素，一般从油菜品种上，甘蓝型品种含毒量低于白菜型品种；机榨菜籽饼较压榨—浸提法的含毒量高。菜籽饼中毒素的前身为一种苷，又叫硫葡糖苷，经芥子酶水解后，产生对家畜有害的两种物质。

坑埋法：选择向阳、干燥、地势较高之处，挖掘宽0.8米、深0.7～1米的坑，长度按埋饼量而定。坑底铺一层干草，将粉碎的菜籽饼按1∶1加水拌匀后，装入坑内，之后在饼上盖一层草，加盖20厘米厚的土层，经60天后，即可饲喂。要求残毒指标在0.05%以下。

2.棉籽饼去毒和利用。产棉区的棉籽饼或带壳棉籽饼十分丰富，因有毒素，饲喂不当，易造成中毒，棉籽饼的毒素主要是棉酚，又叫棉籽毒、棉籽醇。此外，还有种毒素叫环丙烯脂肪酸。这种有毒黄色素在日粮中比例过高时，易引起中毒，特别是对羔羊危害更大（原因是羔羊的瘤胃未充分发育）。为减少毒性，可将棉籽饼加热到80～85℃保持6小时，便能脱去大部分毒性，在日粮中，若能掺和大量的苜蓿干草或其他青干草，也可防止中毒的发生。

任务三　青粗饲料的加工和调制

一、一般简易调制方法

1.切碎。切碎可提高采食量和利用率，减少浪费。喂成年羊的应切成1.5～2厘米；喂老弱羊和幼羊可切短些。但太短或呈粉状，影响粗料在瘤胃中停留时间，降低反刍消化能力。

2. 浸泡。切碎的秸秆加水浸泡，拌以混合精料，一般盐水浸泡24小时，拌以糠麸之类，喂羊效果好。

二、秸秆化学处理调制

1.石灰液处理秸秆。制配溶液的石灰只能用新鲜的，含氧化钙不少于90%。配制方法：1公斤生石灰或3公斤熟石灰，溶于100公斤水中，配后静置，取其清液，加入1～1.5公斤食盐，把切好的秸秆浸泡在其中，经5～10分钟，捞出放在板上，经1～3小时（为了熟化可以再用溶液浇一遍，放置一昼夜）不经冲洗即可饲喂。调制了的秸秆，加磷的补充物：0.5～0.75升的磷酸盐浸提液（制备方法：30公斤过磷酸盐加90升热水，放置12小时，每2～3小时搅拌一次，然后过滤，其澄清溶液即是磷酸盐浸提液），一次可处理100公斤秸秆。

2.氨化处理秸秆。用氨水或液态氨处理秸秆，提高秸秆的含氮量，同时起到碱化作用。农户可在窑、槽或塑料袋中进行。一般在100公斤秸秆中浇入20%的氨水12公斤，其液温不低于20℃，经过20天（冬季）或一周（夏季）启封，让其自然通风12～24小时后，氨味消失再喂羊。农户少量氨化还可以用尿素。氨化比例：尿素∶水∶麦秸＝1∶20∶25。如2公斤尿素溶解在40公斤水中，边洒边用脚踩，注意充分混合均匀。拌好的秸秆需要用塑料膜或泥土封闭。有条件时可以用砖槽，也可以直接在地上进行。进行覆盖的目的是防止氨气外漏。

处理过的秸秆需要时间和温度进行发酵，在夏季处理的秸秆在密封情况下，需2～3周后即可饲喂；若9、10月处理，则需3个月后，即到冬季才能饲喂。因此，作为冬季饲料，应在9月进行这项工作。

经过一段时间后，打开氨化草垛，即可发现秸秆的颜色和气味都有极大变化。呈棕褐色，糊香味。羊可以经过1周到10天的适应，也可以直接饲喂，采食量可以不限，没有副作用，但应注意混合一定要均匀，否则易中毒，如果发生中毒，每只可灌服0.5%的食醋0.5～2升。每次取用氨化秸秆后要将塑料布盖好。

3.碱化处理。采用无水碳酸钠溶于水后，游离出氢氧离子，产生碱化作用，同时给予加热或蒸气处理，提高消化率。

氢氧化钠碱化法可提高总营养价值1～1.5倍，方法为：氢氧化钠用量是秸秆重量的4%～6%，即4～6公斤氢氧化钠，溶于80～100公斤水中，喷淋干100公斤秸秆，堆置8～10小时，不经冲洗，即可饲喂。对于青绿秸秆或淋雨的湿秸秆，可采用喷洒碱水后封闭处理的方法。即用60～100公斤的氢氧化钠溶液，处理1吨秸秆，然后封存。可以封存1年，其外观和营养与前法同。

任务四　青贮饲料生产技术

一、青贮时的安全问题

在青贮料发酵过程中，产生大量的二氧化碳，特别是某些青贮作物，施用了大量的氮肥，作物含氯量增高，其中的硝酸盐含量很高，在一定的条件下，育贮料中的硝酸盐变成氧化氮和二氧化碳，这些生成物呈黄色，毒性极大，甚至使人和家畜有致命的危险。因此，为了保证青贮操作人员的安全，青贮料装填后一周内，除非用鼓风机彻底排出气体，否则不准进入青贮塔或窖内。在装填青贮料的头两天，青贮窖内开始产生这些有毒气体，随后逐渐下降。

二、青贮原料

青贮原料十分广泛，一般无毒无害的青绿植物、野草、野菜、作物秸秆、红薯蔓、树叶等均可青贮。按植物含糖分多少可分为两大类：第一类糖分含量高易于青贮，其中有玉米秸、高粱秸、禾本科牧草、甜菜、胡萝卜、红薯蔓等；第二类蛋白质含量高，不易于青贮，其中有苜蓿、草木樨、野豌豆等。为了兼顾饲料的品质和营养成分，最好将含糖分较高的，易于青贮的饲草类与含蛋白质丰富的，不易青贮的豆科饲草类混合青贮，青贮的配比为2∶1或1∶1，现将几种青贮原料介绍如下：

1.青贮玉米。原料来源有两种：一是专门为青贮而种植的玉米，要求密植，每亩6000～8000株，在良好的水肥条件下，每亩可达4000～5000公斤，在乳熟期收割全株玉米，将茎叶与玉米籽实穗一起切碎进行青贮。另一种是收获籽实以后用秸秆青贮，这种玉米秆水分损失约20%～30%，因此，青贮时需添加水，使含水量达70%，才能保证青贮质量。

2.红薯秧。青贮红薯秧蔓要求在下霜前抢收，既不影响红薯生长，还能保持红薯秧蔓青绿状态。因此，在下霜前的两三天内要抢收装窖。被霜打过的红薯秧蔓不宜再作育贮。

3.菜叶等。在收获甜菜、白萝卜、胡萝卜时，使叶、缨保持青绿，不带泥土，与草糠等混合青贮。一层菜叶或萝卜缨，一层草糠混合青贮，可降低水分。

4.野草、树叶。一般在8月下旬或9月上旬收割，可将各种杂草混割混压，这样，其营养价值要比单一种类更丰富。各种杂草宜在抽穗前进行青贮，树叶也要趁绿青贮。

三、青贮添加剂

青贮添加剂基本上可分成三种类型。第一种是强酸和盐类，它们在青贮塔或窖中转变成各种酸，并能把青贮料的pH降到4.0以下，从而抑制了有害微生物的不良发酵。一般加甲酸、稀盐酸或硫酸及亚硫酸氢钠。甲酸和亚硫酸氢钠对保存高水分的青贮有效，缺点是成本高、费工。另外，甲酸对皮肤和眼睛有害，将其添加到青贮料中，必须避免接触其挥发性气体，但在饲喂时不存在这个问题。第二类是淀粉和糖，添加淀粉和糖，乳酸菌就可以获得充足的养料，从而使发酵正常进行。这种方法主要适应于含糖量较少的青贮物，通常加甜菜渣、柑橘渣、玉米粉等。第三类是含氮物，如尿素类，借以提高青贮料的含氮量，给瘤胃微生物提供合成菌体蛋白的氮素来源，添加的比例是0.5%～0.8%，其方法是在装窖的过程中逐层均匀地撒在青贮原料中，也可配成一定浓度的溶液，均匀洒入。

四、青贮的几种方法

青贮的容器可分为三类，即青贮塔、青贮窖和塑料袋，青贮塔适于大型羊场，后两种适于农村养羊专业户和饲养户。青贮塔造价高，但经久耐用，浪费少，在此，我们着重介绍塑料袋和青贮窖青贮。

1.塑料袋青贮。选用100厘米左右，厚度为0.15～0.2毫米，无毒的聚乙烯塑料薄膜制袋。制作塑料袋时可用熨斗、烙铁灼烧双幅塑料膜的一端，将其加热压紧，烫粘严实成袋状，不得漏气。绕长一般为160～170厘米。

塑料袋的容量：一般每公斤农用塑料膜制成的袋装400公斤左右柔软的青绿饲料。塑料袋青贮的原料应注意选用柔软的青绿饲料。例如树叶、青草、藤蔓、菜叶等。若原料中水分不足，不易压紧、空隙大、含气多，乳酸菌就不能很好地繁殖，再加上植物细胞的呼吸和其他有害微生物的活动，袋内温度升高，会使青贮饲料变质。相反，若水分过多，袋内下部的饲草酸度过高，也容易引起酪酸发酵、变色腐败。一般原料中适宜乳酸菌繁殖的含水量为70%左右。用塑料袋青贮的饲料的含水量一般比青贮窖低一点，鲜草、藤蔓、菜叶等都应经过晾晒后再切碎贮存。将切碎的青贮料装袋、压紧、封严。适于塑料袋青贮的原料一般应切短到1厘米左右，只有切得很短，才容易压紧，装袋时先装四角，边装边压，压实压紧，尽量排除袋内的空气，为乳酸大量繁殖创造缺氧环境。每袋装满后，要用绳及时扎紧袋口，然后放到取喂方便的适宜地方。注意不要刮破或损坏塑料袋，以免影响青贮质量。

2.青贮窖青贮。为了制成品质优良的青贮料，必须尽量缩短由原料割倒至装窖封顶的时间，要做到六随三要，即随割、随运，随铡、随装、随踩、随封。连续进行、尽快完成。青贮的原料要切碎、装填要踩实，窖顶及四周要封严。

（1）收割和运输。青贮玉米在乳热期收割，油菜在始花期收割，禾本科牧草在抽穗期收割，豆科牧草在花初期收割。割倒的青贮原料要及时装填。农村养羊户提倡搞协作或联营，集中人力、物力搞青贮。

（2）切碎或铡短。将青贮原料切碎或铡短，不仅有利于踩实排出空气，而且也便于原料中的汁液流出，为乳酸菌所利用。玉米青贮时，一般要求铡成2～3厘米，牧草或菜叶青贮时，可稍长一些，亦可以整株青贮，但必须踩实或镇压。

（3）装窖或镇压。装窖时要逐层平摊装填，每层厚10厘米左右，装一层踩一层，要踩实，特别是四角；对于较粗糙的原料如玉米秸等，可用平锤镇压。对于大型的青贮壕，装料时可用拖拉机逐层压实。踩实是青贮料成败的关键，踩实后有利于排出空气，为乳酸菌创造厌氧环境。

（4）封顶和排水。封顶应在窖装满后进行，窖装满的标志是踩实后的四周边缘原料与窖相平或高出5～8厘米，中间高出一些，一般高10～15厘米，使其呈弓形，为了防止原料受损失，可在原料上加6～8厘米的麦草或稻草、整株青干草或塑料薄膜。踩实后，随即用20～25厘米的细土封严。封窖后的头几天，要每天检查是否有凹陷、裂缝，如果有要及时加土踏封。当原料不再下沉后，可在离青贮窖1米远处挖10～15厘米深的排水沟，防止透气漏水。青贮到45天以后，就可以开窖喂用。

农区农民收获籽实以后的玉米秸秆，也可用来青贮，但群众往往忙于抢收抢种而不能及时贮藏，致使水分损失过多，木质素含量很高，降低营养价值，秸秆大量浪费，在这种情况下，宜采用整株青贮（不用切短），省时省力。其方法如下：

先挖好长宽深各为2米的窖（尺寸可根据玉米秸秆的高度作适当调整），窖的内壁经晾干硬化后，内衬塑料布，紧贴窖壁。将去根玉米捆成小把，一正一反，分层排列，压实。每层洒一定的尿素（若是半干玉米，可将尿素溶于水中再洒，尿素用量，可按玉米秸量的1%）。玉米秸装得高出窖20～30厘米，然后封窖口，封窖口时将四周的塑料布向中间拉，将青贮料包起来，撒上一层碎草，最后在碎草上盖上30厘米厚的细土，3～5天后若土层下沉，可再补细土、拍实。经45～60天即可取用。取用时，要一把一把、一层一层取用，从上向下，每次取完后及时盖好。

五、青贮料的评定

青贮料在利用前首先要进行评定。评定方法分为两种，一种是感观评定，另一种是实验室评定。生产上一般只要求进行感观评定。感观评定从色、香、味和质地四个方面进行。

颜色：正常青贮料的颜色接近于原料的颜色，但因原料和调制方法及保存的时间不同，有所差别，一般来说，上等青贮料的颜色呈黄绿色，中等的呈黄褐色，劣等的为褐色，深褐则不能利用。气味：正常青贮料的气味呈酸香味，有水果香味的为优等；过酸的青贮料，发出刺鼻的酸味，品质较次；青贮料发出臭味者，则说明原料霉烂腐败，不能利用。

质地：品质优良的青贮料，用手触摸感觉松软，不粘手，用劲握时，可以从指缝里掉下水滴，且落地松散不成团。茎、叶、花仍能认清楚，若结成一团，或手摸不湿润过硬者，均为品质较次的青贮料。

六、青贮料的利用

青贮窖一旦打开就应天天取用，取用时应分段开窖、分段使用，每段从上往下利用。长方形窖千万不要全部揭顶，平摊逐层取用，以防青贮料变质。在分段使用时，也不要掏洞取草。取毕后应及时盖上草帘或织布，在天气不好时，上边要用塑料布等盖严，防止顶淋。

青贮料是喂羊的好饲料，但不能长期单一饲喂。这样不仅难以保证羊对营养物质的需求量，而且大量饲喂易造成腹泻，特别是对妊娠母羊，更不能单喂青贮料，喂量的多少，应根据羊的性别、年龄、生理阶段和饲料品质而定，一般而言，每只泌乳羊每天可喂给1.5～3公斤；育成母羊1.0～1.5公斤，公羊1.0～1.5公斤。

任务五　颗粒饲料

颗粒饲料配方：羯羊肥育日粮中秸秆比例可占到60%，羔羊用则不宜超过20%，颗粒饲料配方见表3-1。

表3–1　成年羊和羔羊育肥用颗粒饲料配方（%）

原料	成年羊用		羔羊用	
	配方1	配方2	6月龄前	6～9月龄
禾本科草粉	35.0	30.0	39.5	20.0
豆科草粉	—	—	30.0	20.0
秸 秆	44.5	44.5	—	19.5
精 料	20.0	25.0	30.0	40.0
磷酸氢钙	0.5	0.5	0.5	0.5

任务六　特殊饲料的利用

尿素和鸡粪作为羊的特殊饲料，用于补充日粮中某些营养成分的不足，具有体积小、成本低、价值大、效益高的优点适宜于农村推广应用。

一、尿素的饲喂

尿素可以作为日粮中蛋白质的代用品，尿素本身不具有任何饲用价值，它只是瘤胃微生物活动需要的一种氮素的来源，其利用过程：尿素在瘤胃内分解成氨，氨被瘤胃微生物所利用，用于形成菌体蛋白，这些菌体蛋白连同饲料中的其他蛋白质到达小肠后，被小肠内的蛋白酶分解成氨基酸，这些氨基酸被机体吸收后用来构成羊肉、羊乳、羊毛等的蛋白质。尿素的含氮量高达43%～45%，但属于非蛋白质结构的氮，显然用它来代替一部分饲料蛋白是非常合算的。为有效地使用尿素，应注意以下几点：

1.严格控制喂量。尿素补饲量，以占饲草、料干物质的2%为宜。也可按体重的0.02%～0.05%喂给，即每10公斤体重可喂2～5克，成年羊每只日喂10～15克，6月龄以上的羔羊喂8～12克，小于6月龄的不宜喂尿素。

2.尿素不能单独饲喂，必须配合一定的精料。如用粉碎的玉米粗粉0.25公斤，混上定量的尿素，分2～3次喂完，喂后再加上些苜蓿干草等豆科干草，则效果更好，或配合一定的容易消化的碳水化合物如糖蜜（是制糖的副产品），效果也很好。

3.尿素不能用水溶解后直接饲喂，避免直接与第四胃接触而中毒。

4.加入尿素必需和其他饲料混合均匀，喂大群时应将拌有尿素的饲料尽量地在食槽中均匀撒开，以防少数羊抢食过多而中毒。

5.开始饲喂时，不能用全量，只能用全量的20%～25%，逐渐增加，待羊完全习惯后再用全量。

6.要连续饲喂尿素效果才好，因为微生物的利用有个适应过程，不宜中断，停停喂喂造成消化紊乱。

7.尿素中毒是因羊采食过量，或尿素在饲料中未拌匀形成尿素结块误食而引起的。尿素中毒一般发生在食入尿素半小时至1小时期间。轻者，表现的症状为食欲减退，精神不振；重者，运动失调，四肢抽搐，全身颤抖，呼吸困难，瘤胃臌胀，如不及时抢救，会在1～2小时死亡。轻者于8小时后恢复正常。急救办法：可静脉注射25%葡萄糖，每次100～200毫升，也可灌服0.5～1升食醋。

二、鸡粪发酵喂羊

鸡对饲料品质要求严格，但因其消化道太短，对饲料利用不充分，许多营养物质同粪便一起排出，这无疑是一种很大的浪费，据测定，风干鸡粪粗蛋白质在28%以上，且营养全面，来源广价格低廉。国外近几年，将鸡粪发酵、烘干后，加入配合饲料，作为商品饲料出售，饲喂反刍家畜。据试验，给奶羊的日粮中加入16%左右的发酵风干鸡粪，对奶山羊的泌乳和增重，类似于豆饼。若能充分开发和利用鸡粪这一丰富而宝贵的蛋白质资源，必将缓和我国养羊业蛋白质饲料紧缺的状况。

项目四　羊的饲养管理

任务一　羊的生活习性及特点

一、合群性强

羊的合群性大于其他家畜，羊群成百上千放牧在牧地山野，总是成群采食，队不离群远走失散。利用合群性，便于组织大群放牧，在出圈、入圈、数羊、过河、过桥、饮水、换草地、运羊等方面，只要“领头羊”先行，其他羊就尾随而来。但是也有不好的一面，如少数羊混了群，其他羊亦随之而来，或少数羊受了惊，其他羊亦跟上狂奔，甚至前面的羊不幸跌坑跌水，后面的羊也随之跳坑跳水。对此在管理上不可不防。

羊群的领头羊多是由年龄较大，子孙较多的母羊来担任。绵、山羊虽不同种，但能很好混合组群，彼此和平相处。粗毛羊的合群性较强，细毛羊次之，长毛肉用羊最差。健康的羊都应有合群性，如出现经常掉队的羊，往往不是因病，就是老弱跟不上群。

二、采食性广

“羊吃百样草”，一方面说明其采食范围广，另一方面也说明它对过分单调的饲喂最易感到厌腻。羊最喜欢吃的是那些多汁、柔嫩、低矮、略带咸味或苦味的各种植物，同时要求草要洁净，凡被践踏、躺卧或粪尿污染过的草，一般都避而不吃。山羊的食性比绵羊更广更杂，除能采食各种杂草外，还偏爱灌木枝叶和野果，是一种防止灌木丛扩大的生物调节者。还喜啃食树皮，对林木有一定的破坏作用。还因它的舌上具有苦味感受器，对各种苦味植物较乐意采食。

三、喜干厌湿

羊最怕潮湿的牧地和圈合。潮湿的环境，易使羊发生寄生虫和腐蹄病，但是不同绵羊品种对于潮湿气候的适应性也不一样。细毛羊则喜欢温暖、干旱、半干旱的气候条件，而肉用羊和肉毛兼用羊则喜欢温暖、湿润，全年温差不大的气候。我国北方很多地区相对湿度一般在40%～60%，仅冬春两季有时可高达75%，其他时间都在40%～60%，故适于养羊特别是养细毛羊，而在南方的高湿高热地区，则较适于养山羊和肉用绵羊。

四、靠嗅觉识别自己的羔羊

母羊识别自己的羔羊，主要靠嗅觉，视觉和听觉仅起辅助作用。羔羊吮乳时，母羊总要先嗅一嗅，以辨别是不是它自己的羔羊，明白这一点，便于给缺奶羔羊找“保姆”。

五、各种适应性

羊的适应性通常包括耐粗、耐渴、耐热、耐寒、抗病、抗灾荒等方面的表现。

耐粗性：羊在极端恶劣条件下，能依靠粗劣的秸秆、树叶维持生活，山羊比绵羊更能耐粗，比绵羊对粗纤维的消化率要高出3.7%。

耐渴性：绵、山羊很耐渴，当夏秋季缺水时，它们能在黎明时分，沿牧场快速移动，用唇和舌接触牧草，以便更多搜集叶上凝结的霸珠，在有的牧场上放牧，可几天乃至十几天不饮水，山羊比绵羊更耐渴。

耐寒性：绵羊由于有厚密的被毛和较多的皮下脂肪，故其耐寒性高于山羊。

抗病力：放牧条件下的各种羊，只要吃饱饮足，一般全年发病较少，膘好时对疾病的耐受能力较强；一般不表现症状，有的临死还勉强跟群吃草。

抗灾度荒能力：在同样的绝食条件下山羊平均可存活38.7天，细毛羊32.7天。山羊肉食量小食性杂，故抗灾能力强于绵羊。

六、其他特性

1.善游走。牧区的羊终年以放牧为主，需要长途跋涉才能吃饱喝好，故都具有较强的游走能力，一日往返里程一般是6～10公里。特别是山羊，因其具有平衡步伐的机制，更是喜登高，善跳跃，60度的陡坡，山羊可直上直下。

2.喜盐性。这是由于牧草中所含的钠太少，仅占日粮的0.05%～0.15%，远远不能满足羊体的需要，故在饲养管理中，可把啖盐或舔碱作为调节食欲和防病保健的一种手段。

3.神经活动。山羊性机警灵敏，较活泼好动，能较好听从人的指挥，而绵羊则胆小怯懦，反应迟钝，易受惊，故有“精山羊、疲绵羊”之说。

4.绵羊怕热，夏季炎热时常有“扎窝子”现象。

任务二　羊消化器官的组成

羊的消化系统主要是由口腔、食道、胃、小肠和大肠几部分构成，其中对营养物质进行消化吸收的主要器官是胃、小肠和大肠。

一、胃的特点

羊属于反刍动物，具有复胃。复胃分为瘤胃、网胃、瓣胃和皱胃四个室。其中，前三个室胃称为前胃，壁黏膜无胃腺，犹如单胃的无腺区；皱胃称为真胃，胃壁黏膜有腺体，其功能与单胃动物相同。据测定，绵羊的胃总容积约为30升，山羊为16升左右，各胃室容积占总容积比例明显不同，瘤胃体积最大，约占胃总容积的80%。

二、小肠的特点

小肠是羊消化吸收营养物质的主要器官。羊的小肠细长曲折，成年羊的小肠22～25米，相当于体长的25倍左右。胃内容物进入小肠后，在各种消化液（胰液和肠液等）的化学作用下被分解，分解后的营养物质被小肠吸收。未被分解的食物随着小肠的蠕动而被推入大肠。

三、大肠的特点

羊的大肠较小肠粗而短，大肠内也有微生物的存在。在小肠未被消化的食物进入大肠后，也可在大肠微生物和由小肠带入大肠的各种酶的作用下，继续对食物进行消化吸收，但大肠主要功能是吸收水分和形成粪便。

任务三　羊消化生理特点

羊属于反刍动物，复胃并具有反刍习性，所以反刍家畜的消化系统有两个独特的特点。

一、反刍

反刍是指草食动物进食经过一段时间以后将半消化的食物从胃里返回嘴里再咀嚼和再咽下的活动，包括逆呕、再咀嚼、再混合唾液和再吞咽四个过程。

由于采食一般比较匆忙，特别是粗饲料，大部分未经充分咀嚼就吞咽进入瘤胃，经过瘤胃浸泡和软化一段时间后，食物经逆呕重新回到口腔，经过再咀嚼，再次混入唾液并再吞咽进入瘤胃的过程。反刍是羊的重要消化生理特点，反刍时间的长短与采食饲料的质量密切相关，饲料中粗纤维含量愈高反刍时间愈长。当羊过度疲劳、患病或受到强烈刺激时，会造成反刍紊乱或停止。不反刍会引起瘤胃臌气，对羊只健康不利。羔羊出生后约40天开始出现反刍行为。羔羊在哺乳期，吮吸的母乳不通过瘤胃，而经瘤胃食管沟直接进入皱胃。羔羊早期补饲容易消化的植物性饲料，能刺激前胃的发育，可提早出现反刍行为。反刍多发生在吃草之后。吃草之后，稍有休息，便开始反刍。反刍中也可随时转入吃草。反刍姿势多为俯卧，少数为站立。一般情况下，羊昼夜反刍的时间为3～4小时。

二、瘤胃

微生物作用瘤胃体积最大，是羊的第一胃。瘤胃内有大量的微生物包括细菌、产甲烷菌、真菌与原虫，还有少数噬体。瘤胃微生物与羊是一种共生关系。

1.消化饲料中的碳水化合物。在瘤胃的机械作用和微生物酶的综合作用下，将各类纤维素以及可溶性糖逐级分解至葡萄糖，再经发酵分解，最终产生挥发性脂肪酸（主要为乙酸、丙酸和丁酸）、乳酸、甲烷、二氧化碳等产物。甲烷和二氧化碳等气体主要由口腔排出体外，挥发性脂肪酸大部分在瘤胃内被吸收利用。在泌乳期间，反刍动物可以利用所吸收的乙酸与丁酸合成乳脂。微生物还能利用分解纤维素所产生的单糖和双糖合成自身的糖原，贮存于菌（虫）体内，在微生物进入皱胃和小肠后，这些糖原又可成为宿主动物的葡萄糖来源之一。

2.合成微生物蛋白质。食物中的蛋白质有一半以上可被瘤胃中微生物的蛋白酶分解为氨基酸，后者在微生物的脱氨酶作用下生成氨、二氧化碳和有机酸。最后微生物利用糖、挥发性脂肪酸和二氧化碳构成碳架，在有能量供应的条件下，与氨合成氨基酸，再转变为微生物蛋白质，随后，再被宿主消化和利用。瘤胃微生物也可直接利用氨、非蛋白氮（如尿素和铵盐等）合成氨基酸，转变为菌（虫）体蛋白质。

3.合成维生素。瘤胃内的微生物还能合成维生素B、维生素B2、维生素B12和维生素K，因而羊的饲料中不用另外添加这几种维生素，其合成数量足可以维持羊体健康、生长发育及生产所需。

任务四　羊的营养需要

一、羊消化营养特点

（一）日粮以粗饲料为主

粗饲料除提供营养物质外，对反刍家畜还有一些特殊作用。粗饲料是瘤胃的主要填充物，使羊不会产生饥饿感；利于瘤胃微生物生长，维持正常的瘤胃微生物区系；可以刺激瘤胃，使反刍得以正常进行；还利于维持瘤胃的pH。羊饲料中缺乏粗饲料，会造成瘤胃胀气和各种疾病。

（二）羊可利用一定量的非蛋白氮和尿素等合成菌体蛋白

饲料中的蛋白质在瘤胃中首先被微生物水解为氨及其中间产物，瘤胃微生物在有足够能量的情况下，可利用这些氨合成微生物蛋白。这也是羊能利用非蛋白氮和尿素的原因。尽管微生物主要以氨作为合成菌体蛋白的氮源，但非蛋白氮在饲料总氮中的比例不能太大，否则一方面影响氮的利用率，同时瘤胃氨浓度太高，易造成羊发生氨中毒。最适宜瘤胃微生物生长的氨浓度为0.35～29毫克/毫升。

瘤胃微生物蛋白质是羊氮营养的主要来源，氮营养的实质是氨基酸营养。羊首先将饲料中的部分蛋白质或氨基酸分解后合成菌体蛋白质，菌体蛋白质进入小肠后才能被分解成氨基酸吸收利用，只有小部分蛋白质经过瘤胃直接进入小肠供羊消化吸收。在以植物蛋白为主的舍饲情况下，60%以上的氮由微生物蛋白提供，所以瘤胃微生物蛋白在羊氮营养中占相当重要的地位。

草料所能提供的营养物质，不外乎是碳水化合物、蛋白质、脂肪、矿物质、维生素和水，它们的主要生理功能：前三者是羊活动所需热量的主要来源。蛋白质还是羊体生长和组织修补的主要原料；后三者在调节生理机能上起重要作用；矿物质还是组成骨骼的主要成分；毛用羊对含硫氨基酸（主要是胱氨酸）的需要明显较高；肉用羊对碳水化合物及脂肪的意义大于其他营养物质。妊娠后期与哺乳前期的母羊，除对蛋白质和热能的要求较高外，对钙、磷的需要也明显较大。

从生产裘皮、羔皮、羊肉的情况来看，所需要的营养依次增高，各种羊大体上符合这一规律。故全世界凡是土地条件贫瘠的地方，皮毛就是该地区的主要产品。例如生产羔皮的母羊，妊娠后期给以过分优厚的饲养，反而会使羔皮品质下降，毛卷松散。

在饲养上，一般都以维持饲养为基础，再根据繁殖、胚胎发育、生长、泌乳、育肥、产毛等不同生理阶段，从蛋白质、能量、矿物质、维生素这几方面，给以不同质和量的满足。

二、羊的营养需要

（一）维持营养需要

维持饲养，是指羊为了维持其正常消化、呼吸、循环、体温等生命活动而需要的营养。干奶空怀的成年母羊、非配种季节的成年公羊都大致处于维持状态。

1.对蛋白质的需要。据实验，为恢复体内所损失的氮，所食草料中的可消化氮每公斤体重不得少于0.05～0.06克，也就是说，一只50公斤重的空怀成年母羊，每日需可消化粗蛋白至少应为70克。蛋白质需要实际是对氨基酸的需要。在羊体所必需的8种氨基酸中，如出现某种氨基酸的严重短缺，其他氨基酸成分再多，也不能互相代替的，就会严重影响饲喂效果。

2.对热能的需要。羊对热能的需要量与活动程度有关，草原上放牧的羊比舍饲的羊多消耗10%～100%的热能，依游走距离的远近而异。

3.对矿物质的需要。羊所需要的矿物质种类是多方面的，常量元素有钙、磷、钠、钾、氯、镁、硫等，微量元素有铁、铜、锌、碘、钴、钼等，缺一不可。一般最容易出现不足的矿物质是钙、磷和食盐。干旱年份一般比正常年份易患低血钙症。一只体重50公斤的空杯母羊，每日供给钙5.6克，磷3克，食盐8～10克。

（二）繁殖对营养的需要

繁殖一般包括公母羊的性成熟，公羊的精液产生和交配，母羊的卵子形成，受胎、妊娠、分娩及泌乳等过程。

为使公、母羊有较高的繁殖力，必须供给足量的蛋白质，因为精液中包含白蛋白、球蛋白、核蛋白和黏液蛋白，这些都是高质量的蛋白质，一部分必须直接取自于饲料。维生素A对公母羊的繁殖力影响更大。维生素A不足时，公羊精液品质变差，性欲下降；母羊的阴道、子宫、胎盘的黏膜角质化，妨碍受胎或早期流产。维生素D不足，可引起母羊及胚胎钙磷代谢的障碍。维生素E不足，则生殖上皮和精子的形成会发生病理变化，母羊早期流产。B族维生素虽能在瘤胃内合成，但它不足时，也可使公羊宰九萎缩，母羊繁殖停止。饲料中钙磷缺乏，可使母羊不孕或流产，公羊精子形成受到影响。

（三）生长对营养的需要

羊的生长，实际是肌肉、骨骼和各器官组织的增长，其中主要是体内蛋白质和矿物质的增加；从出生到8月龄，是羊一生中生长发育最快的时期。

羊由产出哺乳到1.5岁开始配种，经过两个显著不同的生长发育阶段即哺乳阶段和断乳后的育成阶段。羔羊在哺乳前期（前8周），主要依靠母乳来生长发育，生长发育异常强烈，日增重可达200～300克，此时对蛋白质的质和量要求都很高，每增加一个单位的活重，需要5个单位的母乳。到了育成阶段，主要依靠所食草料来生长发育，此期增重虽不如哺乳期那么快，但在8月龄前如条件适宜，则日增重仍可保持150～200克。羊在育成阶段，对蛋白质的质和量要求仍然很高，比如哺乳期的2～4月龄的母羔，每日需可消化粗蛋白105～110克，一断奶后直到1.5岁时仍应保持这个水平。而公羔每日所需的可消化粗蛋白，则应从哺乳期的130～150克提高到育成期的135～160克，蛋白质中，对生长影响最大的是赖氨酸，为此，应注意选择富含赖氨酸的草料来喂羔羊和育成羊。

羊在哺乳期和育成期，骨骼仍在强烈生长，对钙、磷的需要非常迫切。哺乳期每日约需钙4.4克，磷3.2克；育成期可将钙增至5.0～6.6克，磷3.2～3.6克，使其比较接近于2∶1。成长中的羊，对维生素A相D的需要仍很迫切，维生素A不足，则出现皮肤组织角质化、神经系统退化、性机能不良、易感染病等；维生素D不足，则生长不良或出现佝偻病。

（四）产毛对营养的需要

羊毛是一种由18种氨基酸所组成的蛋白质实体。羊毛主要含有5种元素，即碳、氢、氧、氮和硫，羊毛在化学组成上，含硫是羊毛纤维所特有的，高产细毛羊一年中沉积到羊毛中的硫可高达400克。

羊毛的表面还附有大量的油汗，它是羊毛脂和汗液的混合物。羊毛脂是皮脂腺的分泌物，与普通油脂的成分不同，它是胆固醇和其他醇类与脂肪酸的结合物。汗液的主要成分是无机盐和含氯物等。

羊是主要的产毛家畜，产毛的营养需要与维持、繁殖、生长肥育的营养需要相比，所占比例并不大，与产乳的营养需要相比，更是相对较小，据估算，一只年产4公斤毛的细毛羊，只要30公斤左右的可消化蛋白质就能满足需要；羊用于产毛的能量需要更是不多，产毛的能量需要，只占维持需要的10%左右。

矿物质除硫外，铜与产毛的关系也很密切。缺铜的羊除可能发生贫血症外，毛量和毛质也将下降，还能使黑裘皮羊缺少黑色素。一般日粮不会缺铜，只在缺铜的地区要注意补饲。此外，在某些高钼地区，也会产生缺铜症。

（五）肥育对营养的需要

肥育的目的，就是要增加羊体肌肉和脂肪的可食部分，并改善肉的品质，增加的肌肉组织，主要由蛋白质构成，其中也有少量的脂肪（1%～6%）。增加的脂肪主要是蓄积在皮下结缔组织，腹腔（肠网膜）和肌肉内。

不论肥育羔羊或成年羊，供给的营养，必须超过它本身维持饲养所需的营养物，才有可能在体内增长肌肉和沉积脂肪，肥育羔羊体重的增加，来源是生长和肥育两部分，生长是肌肉组织和骨骼的增加，从肥育效果来看，亦以肥育羔羊最为有利，因羔羊增重快，饲料利用率高。肥育同是40公斤体重的羔羊和成年羊，前者日需纯蛋白100～120克，饲料单位1.4公斤，后者需纯蛋白75～100克，饲料单位1.1～1.5公斤。

任务五　各类羊的饲养管理

一、种公羊的饲养管理

种公羊的数量虽少，但种用价值高，对后代的影响大，故在饲养管理上要求很高，应力求保持常年健壮的种用体况，膘情良好而不过肥，这样才能在配种期性欲旺盛、精液品质良好，保证有更高的利用率。

对种公羊所喂的草料，应力求多样化、互相搭配，应营养全面、容易消化、适口性好。好的粗饲料有优良青干草、苜蓿干草和青燕麦干草等；好的秸料有燕麦、大麦、豌豆、黑豆、玉米、高粱、黄米、豆饼等；好的多汁料有胡萝卜、马铃薯、玉米青贮等。种公羊的日粮应根据非配种期和配种期不同的饲养标准来配合。

（一）非配种期的饲养管理

种公羊在非配种期，除应供应足够的热能外，还应注意蛋白质、矿物质和维生素的充分供给：对体重80～90公斤的公羊，一般日补混合精料500克，干草3公斤，胡萝卜0.5公斤，食盐5～10克，骨粉5克。

（二）配种期的饲养管理

实践证明，只有保证蛋白质的充足供应，才能使公羊性欲旺盛，精子密度大，母羊受胎率高。为此应该从配种预备期（配种前1～1.5个月）开始补喂精料，给量为配种期标准的60%～70%，然后增加到配种期的饲养标准。配种时，体重84～90公斤的公羊，每天需要2公斤以上的饲料单位，250克以上的可消化蛋白质，并随日采精次数的多少，相应调整标准喂量及其他特需饲料（牛奶、鸡蛋等），口粮组成可按混合精料1.2～1.4公斤，青干草2公斤，胡萝卜0.5～1.5公斤（有放牧条件者后两种可全减或酌减），食盐15～20克，骨粉5～10克的标准喂给。

燕麦是配种期中的最好饲料，黄米可改善性腺活动，可提高精液品质。谷类、豆饼与麸皮混合饲喂，比单喂更能提高精液质量。维生素E对公羊活动有良好影响，其给量至少应比母羊提高50%。

另外应注意，为保持试情公羊有良好的性欲，要适当补贴精料和隔日排精。

二、母羊的饲养管理

一年中的母羊饲养管理，可分为以下五个时期来说明。

（一）配种准备期

配种准备期，即由羔羊断奶至配种受胎时期（约3个月），此期是母羊抓膘复壮、为配种妊娠贮备营养的时期，只有将羊膘抓好，才可能达到全配满怀、全生全壮的目的。营养、体重和排卵率之间，有强的正向关系，配种前体重每增加1公斤，产羔率可望增加2.1%，所以在配种前1～1.5个月，应对繁殖母羊加强放牧，突击抓膘，对部分膘情不好的母羊，还有必要实行短期优饲。

（二）妊娠前期

在此期的3个月中，胎儿发育还缓慢，所需营养并无显著增多，但要求母羊能继续保持良好膘度。日粮可由50%苜蓿、30%干草、15%玉米、青贮和5%精料来组成。管理上要避免吃霜草和霉烂饲料，不使羊群受惊猛跑，不饮冰茬水，以防产生早期隐性流产，特别是山羊。

（三）妊娠后期

妊娠后期的2个月中，胎儿生长很快，90%的初生重在此期完成。此期如母羊营养供应不足，会造成所生羔羊体小，胎龄虽也同样是150天，但生理成熟期仅相当于120～140日龄的发育程度，等于早产，吸吮反射推迟，抵抗力弱，极易发病、死亡等。为此，妊娠最后的5～6周内，怀单羔母羊可在维持饲养基础上增加12%，怀双羔则增加25%。日粮组成可在妊娠前期5%的精料基础上，产前6周增至18%，产前3周再增至30%。入冬后，母羊在10月下旬开始补饲，先补青贮和干草，每天1.4～1.5公斤，进入妊娠后期，于11月中旬开始补喂精料，每天喂精料0.2～0.3公斤。

此时的一切管理措施，都要围绕保胎来考虑，进出圈要慢，翻山过沟要慢赶，饮水要防滑倒和拥挤。补饲干草除大风雪天外，都应在运动场上的草架进行。因羊舍内氨气很重，干草易吸收这种气味而使羊不爱吃。对患病的妊娠母羊，不要投大量的泻药、子宫收缩和烈性药，免得因用药不当引起流产。

表4–1　妊娠母羊的饲养标准（每只每日）

妊娠期	体重（千克）	风干饲料（千克）	消化能（兆焦）	可消化粗蛋白（克）	钙（克）	钙（克）	食盐（克）	胡萝卜（毫克）
前期	40	1.6	12.6～15.9	70～80	3.0～4.0	2.0～2.5	8～10	8～10
	50	1.8	14.2～17.6	75～90	3.2～4.5	2.5～3.0	8～10	8～10
	60	2.0	15.9～18.4	80～95	4.0～5.0	3.0～4.0	8～10	8～10
	70	2.2	16.7～19.2	85～100	4.5～5.5	3.8～4.5	8～10	8～10
后期	40	1.8	15.1～18.8	80～110	6.0～7.0	3.5～4.0	8～10	10～13
	50	2.0	18.4～21.3	90～120	7.0～8.0	4.0～4.5	8～10	10～12
	60	2.2	20.1～21.8	95～130	8.0～9.0	4.0～5.0	9～12	10～12
	70	2.4	21.8～23.4	100～140	8.5～9.5	4.5～5.5	9～12	10～12

（四）哺乳前期

产后2个月，是哺乳母羊的关键阶段（尤其是前1个月），此时羔羊的生长发育主要靠母乳，一年中繁殖母羊的草料定额，除供给妊娠后期所需外，应更多地用在哺乳前期，这一时期，单羔母羊每天补给秸料0.2～0.3公斤，青贮料1.0～1.5公斤，豆科干草0.5～1.0公斤，野干草2.0公斤，胡萝卜0.2～0.5公斤。产双羔母羊，精料补给量增加至0.4～0.6公斤。待羔羊自己能采食较多的草料时（羔羊出生后2个月），再逐渐地降低标准。

（五）哺乳后期

在哺乳后期的2个月中，因羊泌乳能力渐趋下降，虽加强补饲，也很难达到哺乳前期的泌乳水平。另外，此期羔羊已能采食大量青草和粉碎饲料，对母乳的依赖程度减少，所以此期的饲养标准应较前期降低15%～20%，断奶前7～10天停止喂秸料和块根饲料，以免引起乳腺炎。

三、育成羊的饲养管理

育成羊是指由断奶至初配，即5～18月龄时的公母羊。羊的发育除与胚胎期有关外，主要决定于这一阶段，如果忽视这一时期的饲养，将会影响一生的生产性能，往往造成高腿、身体窄小、体重轻等缺陷。

据实验，应将育成羊分为四个阶段：

（一）断奶编群后的夏季饲养（6～8月）

此时羔羊远离了母羊变换了环境，应让其尽快适应变换了的环境，保持增重（平均日增重50～200克）。断奶不要同时断料，在断奶编群出牧后，仍应继续补喂20～30天精料。

（二）晚秋—初冬转变期的饲养（9～11月）

这一时期正是饲料变化期，如果饲养管理不当，不仅不增重反而掉膘。如无条件放牧又吃不到好草，应适当补喂干草、青贮饲料和块根饲料，还要饮水和喂盐。

（三）严冬补饲期的饲养（12月～翌年4月）

这是育成羊的第一个越冬期，要把最好的豆科干草、青干草、青贮饲料以及其他农副产品放在天气最冷的12月和1月喂给。每天除放牧补草外，还要补喂精料0.2～0.3公斤，要喂一次夜草。勤啖盐，可增进食欲和多饮水。

（四）晚冬放牧—转群的饲养（5～6月）

春季由舍饲向青草期过渡，主要应防止“跑青”。饲料条件不好，如果放牧吃不饱时，可继续舍饲以作为补充。待牧草长高后，再完全放牧饲养。这时期育成羊养得好，母羊可增重10～12公斤，公羊可增重14～16公斤。

项目五　羊的肥育技术

任务一　羊的肥育方法

羊的肥育方法可分为放牧肥育、舍饲肥育和混合肥育三种。

一、放牧肥育

这是最经济的肥育方法，也是我国习用的一种方法。对老龄公母羊来说，在青草季节，抓膘很快，如草场、草坡好，放牧80～90天，就能膘满肉肥，体重可比开始时增重20%～30%。以生产肥羔为目的的羊群，将产羔期适当提前，也是提高放牧肥育效果的有效措施。

二、混合肥育

即在秋末草枯后，对一些还未抓好膘的羊，特别是还有很大增重潜力的当年羔羊，再延长一段肥育时间，在舍内补饲一些精料，经30～40天后屠宰，这样可进一步提高胴体重和肉的品质。

三、舍饲肥育

此方法的使用，主要是为了调节春节市场羊肉的供应和充分利用各种粮食加工副产品。舍饲肥育适用于农区，近年来推广到山区繁殖，平地肥育的生产布局，多半采用这种方式。肥育效果以幼龄羊为好，因它增重快，包括生长和肥育两部分。舍饲肥育时间通常为75～100天。在良好的饲料条件下，这期间可增重10～15公斤。

任务二　羔羊的肥育技术

羔羊的肥育包括1.5月龄断奶全精料肥育、哺乳羔羊肥育和羔羊断奶后的肥育。前两种肥育即羔羊的早期肥育，作为羊肉生产的一种形式，投入少，产出高，方式灵活，可以充分利用早龄羔羊饲料转化率高的有利条件。哺乳羔羊肥育耗料比约为2～2.5∶1，1.5月龄断奶的羔羊为2.5～4∶1，而4月龄断奶后的当年羔羊为6～8∶1，但缺点是胴体偏小，规模生产受羔羊来源的限制。所以从羊肉生产的总周转来看，正常断奶羔羊肥育是基本生产方式，也是向羊肉生产集约化过渡的主要途径。这里介绍的羔羊的肥育技术就是针对断奶后的羔羊而言的。

一、肥育前的准备

1.根据羔羊的来源、大小和品种类型制定肥育的进度和强度。一般细毛羔羊在8～8.5月龄结束，半细毛羔羊7～7.5月龄结束，肉用羔羊6～7月龄结束。

2.根据肥育方案，选择合适的饲养标准和肥育日粮。

3.结合当地经验和资源并参考表5-1的每头每日需要量，确定肥育饲料总用量。应保证肥育全期不断料，不轻易变更饲料。

4.做好肥育圈舍消毒和肉羊进圈前的驱虫工作，特别注意肠毒血症和尿结石的预防。防止肠毒血症，主要靠注射四联苗。为防止尿结石，在以谷类饲料和棉籽饼为主的日粮中，可将钙含量提高到0.5%的水平或加0.25%的氯化铵，避免日粮中钙、磷比例失调。

表5–1　羔羊肥育期间每头每日需要饲料量（单位：公斤）

饲料种类	14～15公斤体重的羔羊
干草	0.5～1.0
玉米青贮饲料	1.8～2.7
谷类饲料	0.45～1.4

二、肥育开始后的注意事项

1.肥育开始后，进圈羔羊如果来源杂、体况、大小、强弱不齐，首先要打乱重新整群，分出瘦弱羔，按大小、体重分组，针对各级体况、健康状况和肥育要求，变通日粮和饲养方法。

2.收购来的羔羊到达当天，不宜喂饲，只饮水和给以少量干草，在遮阴处休息，避免惊扰。休息过后，分组称重，注射四联苗和灌药驱虫。

3.羔羊进圈后，应保持一定的活动、歇卧面积，羔羊每头按0.75～0.95平方米计算。

4.保证饲料品质，不喂湿、霉、变质饲料。饲喂过程避免拥挤、争食，因此，饲槽长度要与羊群相称，羔羊按23～30厘米计算。

5.注意饮水卫生，夏防晒，冬防冻。据估计，气温在15℃时，育肥羊饮水量1公斤左右；15～20℃时，饮水量1.2公斤；20℃以上时，饮水量接近1.5公斤。冬季不宜饮雪水和冰水。

6.肥育期间应避免过快地变换饲料种类和日粮类型，绝不可在1～2天内改喂新换饲料。精饲料间的变换，应以新旧搭配，逐渐加大新饲料比例，2～5天内全部换完。粗饲料换精饲料，替换的速度还要慢一些，14天换完。如果用普通饲槽人工投料，1天喂2次，早饲时仍给原饲料，午饲时将新饲料加在原料上面，混合喂，逐步加多新饲料，3～5天替换完。

三、羔羊肥育技术

（一）预饲期

羔羊进入肥育圈后，不论是采用强度肥育还是一般肥育，都要有个预饲过渡期。预饲期大致为半个月，分三步做。第一步1～3天，只喂干草，让羔羊适应新环境，在这之后，仍以干草为主，但逐步过渡添加到第二步日粮。从第7天开始进入第二步，喂到第10天，进入第三步，到第15天正式进入肥育期。预饲期第二步的参考日粮为：玉米粒25%、干草64%、糖蜜5%、油饼5%、食盐1%、抗生素50毫克。这一配方精、粗饲料比为36∶64。预饲期第三步（第10～14天）用的参考日粮为：玉米粒39%、干草50%、糖蜜5%、油饼5%、食盐1%、抗生素35毫克，这一配方精、粗饲料比为50∶50。预饲期的饲养管理要点：投料不宜用自动饲槽，应用普通饲槽喂，一天两次。投料量以能在30～45分钟内吃尽为准。量不够要添，量过多要清扫。加大喂量和变换日粮配方要在2～3天内完成。

（二）正式肥育期

预饲期结束，进入正式肥育期。根据肥育计划和增重要求来确定日粮类型。

1.粗饲料型日粮。这里只介绍干草加玉米（二者比例为40∶60）的肥育日粮，适用于普通饲槽和人工投喂的条件。玉米可用整粒籽实，也可以用带穗全株玉米。干草应以豆科牧草为主的优质干草，具体配方见表5-2。

表5-2 粗饲料型日粮

	中等能量	低能量
玉米粒（公斤）	0.91	0.82
干草（公斤）	0.61	0.73
黄豆饼（克）	23	—
抗生素（毫克）	40	30
本日粮精、粗料比	60∶40	53∶47

饲养管理要点：严格按照逐加慢换原则，逐步转向肥育日粮的全喂量；达到全喂量后，将总量均分成两份，早、晚各喂一份；每次给料时，先喂玉米和蛋白质补充剂，等候片刻，吃完后再给干草；每天打扫饲槽，保持清洁，注意饲料卫生，不污染、不变质；干草如叶少茎梗多，喂时应比规定给量多10%～20%，保证羔羊可以获得标准水平的养分和能量；饲料喂前要称重，不能靠估计。

2.青贮饲料型日粮。本型日粮以玉米青贮饲料为主，占到日粮的67.5%～87.5%，不适用于肥育初期。喂饲后的羔羊日增重幅度应在110～160克之间。日增重达不到要求，一是延长了肥育期；二是增大了单位增重的饲料需用量。同时，青贮饲料型肥育日粮不适用于短期强度肥育羔羊，可以用于肥育期多于80天的体小羔羊。具体配方见表5-3。

表5-3　青贮饲料型日粮

	配方1	配方2
碎玉米粒（%）	27.0	8.75
青贮玉米（%）	67.5	87.5
黄豆饼（%）	5.0	—
蛋白质补充剂（%）	—	3.5
石灰石（%）	0.5	0.25
维生素A（国际单位）	1100	825
维生素D（国际单位）	110	83
抗生素（毫克）	11	11
本日粮精、粗料比	67∶33	33∶67

饲养管理要点：羔羊先喂10～14天预周期日粮，再转用青贮饲料型肥育日粮。本日粮开始时适当控制喂量，逐日增加，10～14天内达到全量。严格配比操作，混合必须均匀。每天清扫饲槽。要达到预计日增重，羔羊每日进食不低于2.30公斤。石灰石粉不可少，按规定量上下搅匀，饲料要过磅称重，不能估计重量。

（三）成年羊肥育技术

成年羊肥育，由于品种类型、活重、年龄、膘情、健康状况等差异较大，首先要按品种、活重和计划日增重指标确定肥育日粮标准。做好分群、称重、驱虫和环境卫生等准备工作。夏季，成年羊以放牧肥育为主，适当补饲精料，每日采食5～6公斤青绿饲料和0.4～0.5精料，日增重水平大致在120～140克。秋季，肥育成年羊来源主要为淘汰老母羊和瘦弱羊，除体躯较大、健康无病、牙齿良好、无畸形损征者外，一般肥育期较长，有达80～100天的，投料量大，日增重偏低，饲料转化率不高。有一种传统做法是使用淘汰母羊配上种，母羊怀胎后行动稳重，食欲增强，采食量增大，膘长得快，在怀胎60天前可结束肥育。也有将淘汰母羊转入秋草场放牧和进农田秋茬地放牧，膘情好转后再进圈舍饲肥育，减少肥育开支。

淘汰母羊肥育的日粮中应有一定数量的多汁饲料。表5-4列有以青贮玉米为主的几种肥育日粮以供参考。肥育期圈内设水槽和盐槽，不断水和盐。

表5–4　成年羊肥育用参考日粮（单位：公斤）

	一	二	三	四
禾本科干草	0.5	1.0	—	0.5
青贮玉米	4.0	0.5	4.0	3.0+其他多汁饲料0.8
碎谷粒	0.5	0.7	0.5	0.4
尿素（克）	—	—	10	—
秸秆	—	—	0.5	—

有条件地区，肉羊肥育最好改喂颗粒饲料，见表5-5。

饲养管理要点：

1.选择最优配方，严格按比例称量饲料。充分利用天然牧草、秸秆、灌木枝叶和农副产品，以及各种加工下脚料，扩大饲料来源。合理利用尿素和各种添加剂。

2.喂颗粒饲料最好采用自动饲槽，由肥育羊自由采食，并保证不断饮水。从一般日粮转用颗粒饲料日粮，也应在4～6天内逐步完成。成年羊1天进食2.5～2.7公斤。

3.午后适当喂些青干草，每只0.25公斤，以利反刍。

4.颗粒饲料遇水膨胀变碎，影响采食和饲料利用率。因此，雨天不宜在敞圈饲喂。

5.应用普通饲槽，人工投料时，每日投料两次，日给量以饲槽内基本无剩余饲料为宜。

表5–5　成年羊用颗粒饲料配方（%）

	一	二
禾本科草粉	35.0	30.0
秸秆	44.5	44.5
精料	20.0	25.0
磷酸氢钙	0.5	0.5

项目六　羊的生产管理技术

任务一　怎样引进种羊

一、选择适宜本地的种羊

引进种羊时，不但应考虑品种的经济价值，还应考虑自然环境、生物学特性等是否适宜。由于各地所处海拔高度、经纬度不同，所以季节变化、昼夜温度、降雨量及植物生长种类都不同。原产于各个地区的羊，为了适应当地的自然条件，逐渐形成了适应性，否则就被自然所淘汰。羊的品种形成时间越长，适应性越强，遗传的保守性也越强，因此在引种前不但要了解所饲养的种羊性能，而且还要调查当地的自然环境，尤其是纬度、海拔高度、温度和降雨量，以及饲料情况、饲养方式等因素，若被引进种羊的地区与本地环境条件基本相同，则引种成功的可能性就大。

二、种羊的运输

接运前，必须做好种羊检疫工作。引进的种羊均应健康，无布鲁氏杆菌病、结核病、副结核病、传染性胸膜肺炎、口蹄疫、炭疽、黏膜病等，同时，在起运前还要给种羊做必要的及规定的免疫注射。起运前，应备足饲草、饲料，尤其是块根饲料，以及饮水设备等。平均每头绵羊每天需7.5公斤干草，山羊需5～6公斤干草。要根据当时的气候和要经过的地区的供水情况，备足必要的器具和水量。在冬季或在寒冷地区运输羊时，还需要备用棚布。此外，要准备手电等照明设备。

要根据羊的品种和数量备足所需车辆，以羊不过于拥挤为原则。上车前，要给羊喂一次食，并饮足水；一般开车前2～4小时将羊赶到车站，以免拥挤，造成损失。

运输注意事项：运输途中要经常让羊饮水，喂的饲料要精、粗饲料，青（多汁）、干饲料搭配。不能以喂精料为主，而应多喂胡萝卜、白萝卜等多汁块根饲料，这既可充饥，又可解渴。喂养饲料时，最好少喂勤添，增加饲喂次数。

三、引进种羊的管理

1.卸车。卸车时有站台最理想，无站台时，要搭跳板，不要让羊直接跳下，下车时要用饲草引导羊慢慢下，这样不致引起伤亡。如由火车转为汽车运输时，应找站台将羊直接赶上汽车。羊下火车后如不能当即用其他车辆运走时，应先给羊饮水、放牧或饲喂，让羊休息两个小时再转运。当羊卸下车后，需驱赶羊至目的地时，要边放边走，越慢越好。

2.初养。引进的种羊到目的地后，要适当休息，然后饮水和饲喂放牧。在所饮的水中要放一些解毒、清热的中药，或消炎的西药如土霉素等，让羊随水饮进。一般长途运羊，到目的地三天后羊体才有所恢复，采食量才有所增加；饲养引进种羊的圈舍要清洁、干燥、通风良好，能保温。为防止带进传染病，要将引进的种羊单圈饲养，或单独组群放牧，约需隔离观察1个月。如无发病或经化验无病毒菌的羊，才可和其他羊混牧、混养。

3.驯养。引进的种羊需要驯养。首先要给羊创造与其引种地相同或相似的条件。如引种地干燥、饲养地潮湿，就要设法把羊圈设在相对干燥、通风处。若圈舍潮湿，还可钉木板羊床让羊休息。如饲养地比引种地的气温高，则应在早晨和晚上多放牧，中午多休息。如引种地牧草多，而饲养地灌木多，就要给种羊选择平坦的草坡先放牧，慢慢再转换放牧地。

任务二　补饲、饮水和喂盐

一、补饲

冬春不但草枯而少，更主要的是粗蛋白质含量严重不足，加之此时又是全年气温最低，能量消耗加大，母羊妊娠、哺乳、营养需要增多，此时单纯依靠放牧，往往不能满足羊的繁养需要，越是高产的羊，其亏损额越大。无数实践证明，羔羊的发病死亡，问题主要出在母羊身上，而母羊的泌乳多少，问题又主要出在本身的膘情变化上。

补饲开始的早晚，当然是根据具体羊群和草料储备情况而定，原则是从体重出现下降时开始，最迟不能晚于春节前后，补饲过早，会显著降低羊本身对越冬的努力，对降低经营成本也不利（此时要使冬季母羊体重超过其维持的体重是很不经济的，补饲所获得的增益，仅为补充草料成本的1/6），但若补饲过晚等到羊群十分瘦弱、体重已降到临近界值方开始，那就等于病危才求医，难免会落个“羊草两空”，就像人们常说的早喂在腿上，晚喂在嘴上。补饲一旦开始，就应连续进行，直至能接上吃草，如果三天补两天停，反而会弄得羊群惶惶不安，直接影响放牧吃草。

至于是把补饲安排在出牧前好，还是安排在归牧后，各有利弊，都可进行。大体来说，如果仅补草，最好安排在归牧，如果草料俱补，则可将料在出牧前补，草在归牧后补。

在草料利用上，要选喂次草次料，再喂好草籽料，以免吃惯好草好料后，不愿再吃次草次料。在开始补饲和结束补饲上，也应遵循逐渐过渡的原则来进行。日补饲量，一般可按一羊0.5～1.0公斤干草和0.1～0.3公斤混合精料来安排。补饲最好安排在草架上进行，一则可避免干草的践踏浪费，再则可减少草渣、草屑混入毛被，特别是细毛羊。对妊娠母羊补饲青贮时，切忌酸度过高，以免引起流产。

二、饮水

水是组成体液的主要成分，对羊体的正常物质代谢有特殊的作用。只有饮水充足，才能有良好的食欲，所食草料才能很好消化吸收，血液循环与体温调节才能正常进行。羊体缺水，比缺草还难忍受和难以维持生命。饮水少则采食减少，2～3日不饮水则拒绝采食。如长期饮水不足，就会引起唾液减少，瘤胃发酵困难，消化不良，奶量下降，体躯消瘦，皮肤干燥，油汗降低，毛发干，弹性减弱。羊的每日饮水量为3～5升，饮水次数要根据气候和饲草饲料的干湿程度而定。夏季天热，应日饮2～3次，秋季每日饮1次，冬季可每日饮或隔日饮1次。积雪较多的草场，可啃雪代饮，连雪带草一起吃下。脏水是传播寄生虫的媒介，所以饮羊时，要选择流动的河水、泉水及新打上来的井水，不要给羊饮死水坑中的死水或浑水。最好是前晌放，后晌饮，时间安排在下午2点左右，使饮后还有一段活动采食时间。

三、喂盐

盐能供给羊钠和氯，且能刺激羊的食欲。每只羊每日约需食盐5～10克，哺乳母羊多给些，为减少补饲食盐的麻烦，可隔日给食盐一次，把盐放在料槽里或粉碎放在精料中喂即可。

任务三　其他管理事项

一、编号

1.插耳标法。耳标用铝或塑料制成，有圆形、长方形两种。长方形耳标在多灌木的地区放羊容易被挂掉，圆形比较牢固。耳标用来记载羊的个体号、品种符号及出生年份等。用特制的钢字钉把需要的号数打在耳标上，上边第一个号数代表羊出生年份的最末一个字，其次才是个体号数。如2-12，即指1992年生，12号羊。公羊用单号、母羊用双号、每年由1（或2号）开始，不要逐年累计。耳标插在左耳基下部。用打耳钳打孔时，要避开血管，预计打孔的地方要用碘酒充分消毒，要在蚊蝇未起季节安耳标。

2.剪耳法。在没有耳标时，就在羊的两耳上剪缺刻，作为羊的个体号。其规定为：左耳作个位数，右耳作十位数，耳的上缘剪一缺刻代表1，下缘代表3。这种方法的缺点是羊数超过1000就无法表示，而且羔羊时剪的缺刻到成年往往变形无法辨认，所以现在多数不用此法编号。但可用来做羊的等级编号，纯种羊可在右耳上打缺刻，杂种羊在左耳上打缺刻，如果是特级羊可在耳尖上打一缺刻。

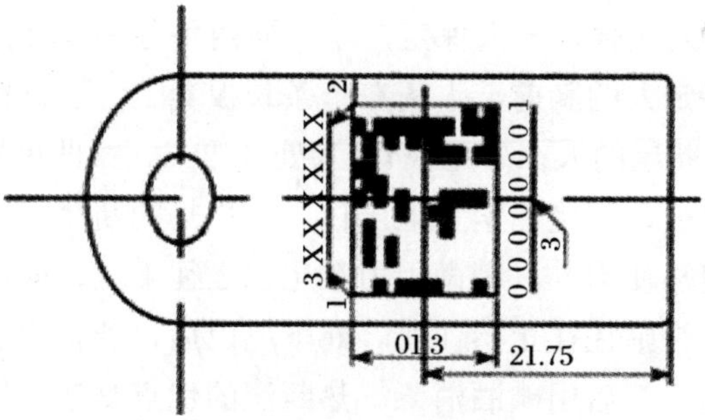

图6-1　羊耳标编码示意图

1.代表羊；2.县行政区划代码；3.动物个体连码

二、修蹄

长期舍饲的羊，蹄子磨损少，但蹄子仍然不断地增长，造成行走不便，采食困难，严重者引起蹄病或蹄变形。

修蹄一般在雨后进行，这时蹄质软，易修剪。修剪时将羊坐在地上，人站在羊背后，使羊半躺在人的两腿中间，将羊的后腿翘起使羊挣扎不起来。大公羊修蹄时，需要二人将羊按倒在地上整修。修蹄时从前肢开始，先用果树剪将生长过的角尖剪掉，然后用利刀将蹄底的边缘修整到和蹄底一样平齐。修到蹄底可见淡红色的血管为止，不要修剪过度。如果修剪过度造成出血，可涂上碘酒消炎。若出血不止，可用烙铁烧到微红色，很快将蹄底烧烙一下，动作要快，以免再次造成烫伤。整形后的羊蹄，蹄底平整，前端呈方圆形。变形蹄须多次修剪，逐步校正其蹄形。

三、断尾

断尾仅限于长瘦尾羊。为保护羊毛的清洁（因为当春夏放牧一开始采食青草时，由黄草变为青草，粪很稀，尾部左右摆动时，使后躯甚至中躯的毛污染），为了配种的方便，所以要断尾。羔羊断尾的时间是在生后7天左右，若遇到身体软弱的或天气过冷时，可适当延长，断尾要在晴天的早上进行。阴天伤口愈合慢，傍晚断尾不便于全天观察，如有出血的羔羊不便及时处理。

断尾的方法有：

1.热断法。需要一个特制的断尾铲和两块20厘米见方的木板。一块木板的下方挖一个半月形的缺口，断尾时把尾巴正压在这半月形的缺口里，木板的两面钉上铁皮，以防灼热的断尾铲把木板烧着了，这一木板不但用来压住尾巴，而且断尾时可防止灼热的断尾铲烫伤羔羊的肛门和睾丸；另一块木板仅两面钉上铁皮就行了，断尾时，把它衬在板凳上面，以免把板凳烫坏。

操作需要两个人配合，一人保定羔羊，即两手分别握住羔羊的前后肢，把羔羊的背贴在保定人的胸前，人骑在一条长板凳上，正好把羔羊蹲坐在上述的那块木板上。断尾的人在离尾根4厘米处（第三、第四尾椎之间），用带有半月形缺口的木板，把尾巴紧紧地压住。把灼热的断尾铲取下（最好用两个断尾铲，轮换烧热使用），稍微用力在尾巴上往下压，即将尾巴断下，切的速度不宜过急，否则往往止不住血。断下尾巴后，若仍出血，可再用热铲烫一烫，即可止住，然后用碘酒消毒。热断法的优点是速度快、操作简便、失血少，缺点是伤口愈合慢。

2.结扎法。此法在我国尚未普及，但值得提倡。原理和结扎去势相同，即用橡胶圈在尾巴适当的位置（第三、第四尾推之间）紧紧扎住，断绝血液流通，下端的尾巴10天左右即行自落。

四、去势

去势亦称阉割。去势的羊通常称为羯羊。去势后的公羔，性情温驯，管理方便，节省饲料，肉无膻味，且较细嫩。所以凡不做种用的公羔和公羊，一律去势。公羔出生后2～3周去势为宜，如遇天阴或体弱者，可适当推迟。去势和断尾可同时进行，或单独进行，最好在前半天进行，以便全天观察护理羔羊。

1.刀切法。使用锋利的小刀切开阴囊，摘除睾丸。常需两人配合，一人保定羊，保定方法与断尾相同，使羔羊半蹲半仰，置于凳上或站立，阴囊外部用3%石炭酸或碘酒消毒。消毒后施手术者，一手握住阴囊上方，以防羔羊的睾丸回缩腹腔内；另一手用消过毒的刀在阴囊侧面下方切开一小口，约为阴囊长度的1/3，能挤出睾丸为度。切开后把睾丸连同精索拉出撕断，撕断的上端精索自己就会抽回去。一般不用剪刀剪或刀割。一侧的睾丸取出后，如法取另外的睾丸，有经验的人把阴囊的纵隔切开，把另侧的睾丸挤过来摘除亦很好。这样，少开了一个刀口，睾丸摘除后，把阴囊的切口对齐，涂碘酒消毒，并撒上消炎粉。过1～2日可检查一下，如阴囊收缩则为安全的表现，如果阴囊肿胀，可挤出其中的血水，再涂抹碘酒和消炎粉，一般没有什么危险。

2.结扎法。当公羔出生7天时，将睾丸挤在阴囊里，用橡皮筋或细绳紧紧地结扎在阴囊的上部，断绝了血液的流通，经15天左右，阴囊及睾丸萎缩，自然脱落。

五、捉羊

羊的性情怯懦、胆子小，不易被捕捉。为了避免捉羊时把毛拉掉或把腿扭伤，捕羊人应悄悄地走到羊背后，以两手迅速抓住羊的左右两肷窝的皮，或抓住羊的飞节上部。除了这些部位，抓其他部位对羊都有伤害。

图6-2　羊握角骑跨夹持保定法

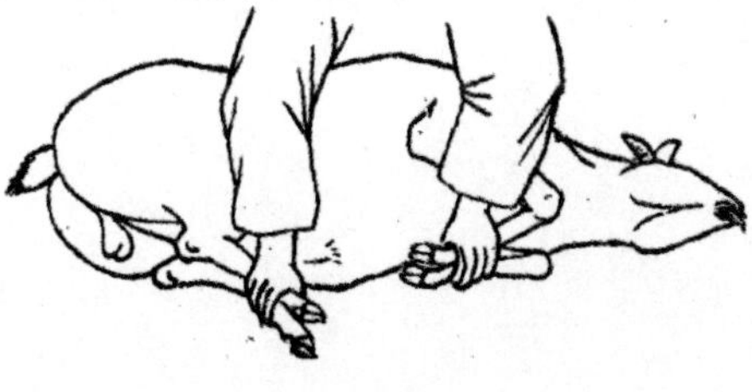

图6-3　羊倒卧保定法

六、导羊

导羊，就是使羊前进的方法。导羊人站立在羊的左侧，用左手托住羊的颈下部，用右手轻轻骚动羊的尾根，羊即前进。人也可站立在羊的右侧，导羊前进。

七、数羊

“放羊数几遍，丢了有地点。”尤其转移牧坡时要注意数一数羊的头数。若在放牧中数羊，要选一个比较窄的路口，让羊通过时数数。出牧时可在圈门口数，可以一对一对地数。放牧时也可一五一十地数，最后计算出总头数。

八、分群

可根据不同分类标准将羊分为公羊群、母羊群、公羔群、母羔群、青年公羊群、青年母羊群等健康羊群以及病羊群。由于育种和生产任务不同，各种年龄羊在羊群中所占比例不同。为提高规模化肉羊生产的效益，加速羊群周转，应不断降低羊群平均年龄，适当加大青年羊的比例，将公羊、母羊的淘汰年龄分别限定在5～6岁和5岁。

从性别上看，羊群中繁殖母羊应占有较大的份额，年末母羊比重可达60%～80%，同时可保留一定数量的去势公羔和少量育成公羊，母羊适时进行配种，有效促进生产效率的提高。

项目七　羊舍的规划和设计

任务一　场地选择

羊舍是羊只休息、生产和繁殖的场所，在建筑羊舍时，应根据当地实际和饲养规模慎重地选择场地。选择场地时应考虑以下几个方面。

一、地势

应选取地势高燥、排水良好、背风向阳的地方。平原地区应选在较周围地段稍高的地方，以利排水；地下水位要低，以低于建筑物地基深度0.5米以下为宜。在靠近湖泊、河流的地区，场地要选择在当地历史洪水线1～2米以上，以防涨水受淹。山区建羊舍应选在稍平缓的坡上，地面向阳，要避开坡底、谷地及风口。

二、地质土壤

收集附近的地质勘查资料，不应建在滑坡、塌方的地段。了解地层的构造状况，如断层、陷落、地下沼泽地层。了解土壤的耐压力。膨胀土、回填土不宜作房舍地基。土质以沙壤土为好，沙土、黏土次之。

三、水源水质

要求四季水量供应充足，水质良好，离羊舍近。最好的水源是泉水、溪涧水或消毒过的自来水，其次是江河中流动的活水，再次是池塘水。水源必须保持清洁卫生，防止污染。羊只饮用被污染的脏水后，很容易引起消化道疾病和感染寄生虫病。

四、位置

要远离周围的畜牧场、牲畜交易市场、屠宰场和兽医站，以利于本场的防疫工作。

羊舍应在居民点的旁边，在住宅区下风向，并在水源的下水头。总之，应选择在低于住房生活区和水井的地方。羊舍的饲料饲草、羊奶和粪污运输量较大，所以要求交通方便。但交通干线又是疫病传播的重要途径，因此应与地方公路保持50米以上的距离，与省级公路保持300米以上的距离。

任务二　羊舍设计的原则和要求

修建羊舍的目的是给羊创造适宜的生活环境，从而保障羊的健康和生产的正常进行。这样才能花费较少的资金、饲料、能源和劳力，获得更多的羊产品和较高的经济效益。

一、设计羊舍的原则

1.为羊创造适宜的环境。一个适宜的环境可以充分发挥羊的生产潜力，提高饲料利用率。因此，修建羊舍时，必须符合羊对各种环境条件的要求，包括温度、湿度、通风、光照和空气质量等，为羊创造适宜的环境。

2.要符合生产工艺要求，保障生产的顺利进行和畜牧兽医技术措施的实施。生产工艺是指畜牧生产上采取的技术措施和生产方式，包括羊群的组成和周转方式，运草料、喂饲、饮水、清粪等。此外，还包括称重、防疫注射、采精输精、接产护理等技术措施。修建羊舍必须与本场生产工艺相配合，否则，必将给生产造成不便，甚至使生产无法进行。

3.严格卫生防疫，防止疫病传播。通过合理修建羊舍，为羊创造适宜环境，将会防止或减少疫病发生。此外，修建羊舍时还应注意卫生要求，以利于兽医防疫制度的执行。例如，确定羊舍的朝向、设置消毒设施、合理安置污物处理设施等。

二、设计要求

1.增加外围护结构的热阻，减少结构内表面温度的波动。利用多层材料组合的外围护结构，热阻较大。屋顶可以采用三层：上层采用导热系数大的材料，中层采用蓄热的材料，下层采用导热系数小的材料。

2.充分利用空气的隔热特性。空气的导热系数小，是廉价的隔热材料。炎热地区修双层空气间层顶，减少辐射传热，增加空气流通，带走了层顶空间的热量，提高了层顶的隔热能力。夏热冬冷地区不宜采用通风屋顶，因冬季会促进层顶散热。但可以采用双坡屋顶设吊顶，在两山墙上设风口（加百叶或铁网以防鸟兽进入顶棚），也能起到通风屋顶的部分作用，冬季可将山墙风口堵严，以利顶棚保温，此为通风阁楼。

3.加强羊舍的夏季通风。羊舍朝向主风方向，地形要开阔。风口位置要恰当，进风口设在正压区，排风口在负压区，一般排气口大于进气口的面积。进气口用木板做制，断面呈正方形或矩形，断面积20×20平方厘米或25×25平方厘米，安装在距屋檐40～50厘米处。炎热地区在靠近地面设进气口。墙外受气口向下，以防冷空气直接侵入。在屋脊两侧可以设排气管，下端伸向天棚处，上端高出屋脊0.5～0.7米。管顶设屋顶式或百叶窗式管帽。

4.羊舍设备和设施的布置。羊栏通常沿纵墙方向布置，小跨度自然通风羊舍，一般布置1～2排羊栏。喂饲、清粪通道则随羊栏设置。为工作方便，在羊舍两端设横向通道。饲料间、工具间等附属设施，一般设于羊舍一端，羊舍长度大而且总平面布局允许时，也可设在羊舍中部。

5.墙和门窗。墙的厚度应根据承重和保温要求确定，例如，一般单层羊舍的墙壁为1砖厚（24厘米）时，在梁何层架下应砌成37×37平方厘米的砖垛。墙体材料应该选用当地资源广、廉价的建材如黄土、石材、草砖、复合材料、砖等。覆盖材料主要有彩钢复合板、瓦、彩钢板、塑料薄膜、聚碳酸酯阳光板等。门窗的平面位置不应设于梁、层架等构件之下。南、北窗的数量、宽度和平面位置的确定，要考虑到通风均匀时满足采光和防寒防暑要求。

6.羊舍地坪高度。舍内地面和舍外场地分别称为舍内地坪和舍外地坪。为防止雨水进入舍内，舍内地坪一般应比舍外地坪高0.3米，如果场地低洼易积水，舍内地坪还应酌情加高。为了羊的出入和运料方便，羊舍外门不应设台阶，而设划线的坡道。

7.羊舍地基处理。甘肃大部分地区属于湿陷性黄土（在上覆土层自重应力作用下，因浸水后土的结构破坏而发生显著附加变形的土称为湿陷性黄土）。因此，湿陷性黄土的主要特性表现为受水浸湿，土结构迅速破坏，并产生显著附加下沉，是一种工程地质上不稳定的土体。如果是湿陷性黄土，应该在放好线的承重部分开挖1米深1米宽的沟，再用原土夯实，在距地面30厘米用3：7灰土夯实。

8.羊舍的排水。传统式的舍内排粪水，是依靠手工清理操作和利用粪水流动力排粪尿污水。排尿沟要设于羊床后端，紧靠除粪便道，要有1.0%～1.5%的坡度。

9.羊舍的光照。设计羊舍时，要正确地确定窗子上下线的高度，这样才能使直射阳光在冬季照射到羊舍的一定位置（如羊床），而夏季又不出现直射阳光照进羊舍的情况。

任务三　羊舍的设计参数

一、羊舍的面积

羊舍的面积大小，根据养羊数量、品种、性别、年龄、生产方向等条件确定。各类羊只需占用的面积大致为：种公羊每只占用面积为1.5～2.0平方米；成年母羊为0.8～1.0平方米；育成羊为0.6～0.8平方米；羔羊为0.5～0.6平方米；羯羊为0.6～0.8平方米；妊娠后期或哺乳前期母羊（带羔羊）约需2.2～2.5平方米，这些推荐数据多用于绵羊饲养。

乳用种公羊2.5～4平方米；乳用母羊2.5平方米；一般种公羊为1.5～2平方米。其他生理阶段的羊的占地面积与绵羊相近。

参考以上数据，确定羊舍的总面积，做到不拥挤，能自由活动。拥挤的羊舍不但潮湿、污染，且空气不好，有碍羊的健康。

二、舍内温度

修建羊舍，要使舍内冬暖夏凉，保证温度适宜，生产中较为可行的温度范围：母绵羊7～24℃，初生羔羊24～27℃，哺乳羔羊5～21℃。最适温度：母绵羊为13℃，哺乳羔羊10～15℃。对于北方地区，冬季要做好防寒保暖工作，产冬羔的羊舍应保持在5～8℃为宜，一般羊舍应保持在0℃以上。

三、羊舍高度

羊舍的高度一般要求在2～2.5米左右。高温潮湿地区宜高一些，寒冷干燥地区应低一些。羊数多的舍应稍高一些，以保证空气新鲜。单坡式羊舍后墙高度1.8米为宜。羊舍也不宜过高，过高浪费建筑材料，也不利于舍内保温。

四、羊舍的宽度

一般应为7～10米，太宽不保暖，太窄利用率低易潮湿，管理也不方便。

五、羊舍的长度

应根据具体情况而定，大型羊舍长度为40～50米，长度稍大利用效率较高。舍内可不修间隔墙，但要使用支柱以保证羊舍坚固，延长使用寿命。也可根据羊的种类和数量，临时间隔，以便充分利用舍内有效面积。

六、窗户

羊舍应前、后设窗，窗面积应为羊舍面积的1/10～1/15，窗距地面应为1米左右，后窗便于投草、起垫羊圈和夏季通风，每100平方米设一个后窗户即可。后窗面积不宜过大，呈窄长形，便于冬季封严。

七、门

羊舍的门窗和地面的建筑要求，应以不影响舍内采光和羊只的身体健康为原则。羊舍的门要宽，一般为2.6～3.0米，高为2.0米，羊数较少或羔羊的羊舍，舍门宽度可缩至1.5～2米，寒冷地区的羊舍，为防止空气直接侵入，可在大门外增设套门。

八、漏缝地面

漏缝地面能给羊提供干燥的卧地，我国越来越多的地区采用漏缝地面。国外典型漏缝地面羊舍为封闭双坡式，跨度为6米，地面漏缝木条宽5厘米，厚2.5厘米，缝隙2.2厘米，双列食槽通道宽50厘米，对产羔母羊可提供相当适宜的环境条件。我国有的地区采用活动的漏缝木条地面，以便于清扫粪便，木条宽3.2厘米，厚3.6厘米，缝隙宽1.5厘米。在南方天气热、潮湿地区，采用吊楼式羊舍，羊舍高出地面1～2米，吊楼上为羊舍，下为承粪斜坡，后与粪池相接，地面为木条漏缝地面。这种羊舍的特点是离地面有一定高度，防潮，通风透气性好，结构简单。

九、通气孔

产羔室的通气孔可设在屋顶或前墙的上部。每100平方米舍内地面应设0.36平方米的通气孔。

十、运动场

羊舍必须设有运动场，面积为羊舍面积的2～2.5倍。呈“一”字形排列的羊舍，运动场一般在羊舍的南面，低于羊舍地面60厘米以下，向南缓缓倾斜，地面以沙质土壤为宜，便于排水和保持干燥。周围设围栏，围栏高2.0～2.5米。

任务四　羊舍类型

肉羊舍屋顶的形式：屋顶兼有防水、保温、隔热、承重等多种功能，正确处理各方面的关系对于保证羊舍环境的控制极为重要。其建筑材料有陶瓦、石棉瓦、彩钢板、木板、塑料薄膜、油毡等。羊舍屋顶建设形式种类繁多，在实际生产中采用双坡式屋顶较多，但也可以根据羊场的实际情况和当地的气候条件采用单坡式屋顶、平顶式屋顶、联合式屋顶、钟楼式屋顶、拱门式屋顶等。单坡式屋顶羊舍，跨度小，自然采光好，适用于简易羊舍或小规模羊场；双坡式屋顶羊舍，跨度大，保温能力强，但自然采光、通风较差，适于寒冷地区，也是最常见的种羊舍屋顶建设形式。在冬季寒冷地区还可选用平顶式屋顶羊舍、联合式屋顶羊舍等类型，在炎热地区可选用钟楼式屋顶羊舍。

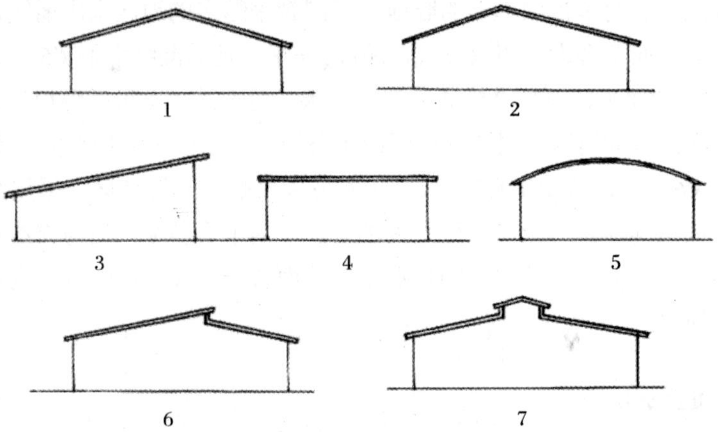

图7-1　肉羊舍屋顶建设形成示意图（侧面）

1.双坡式（等坡）；2.双坡式（不等坡）；3.单坡式；4.平顶式；5.圆拱式；6.联合式；7.钟楼式

一、公羊舍和青年羊舍——敞开式

屋顶为双坡式，饲槽为单列式。高温高湿羊会产生极大的不适，发病率高，生产性能受到抑制。羊舍建设需能排除高温高湿、暴雨、强风的干扰和袭击。羊舍南北全部敞开或北部敞开，运动场设在北面，饲槽设在南面。为了防潮，易于清洁和控制寄生虫的传播，可设塑料或竹条漏缝地板，地板条宽8～10厘米，厚3.8厘米，缝隙1.5～2厘米。在北方，冬季寒冷，羊舍南面可半敞开，北面封闭而开小窗户，运动场设在南面，单列式小间适于饲养公羊，大间适于饲养青年羊。

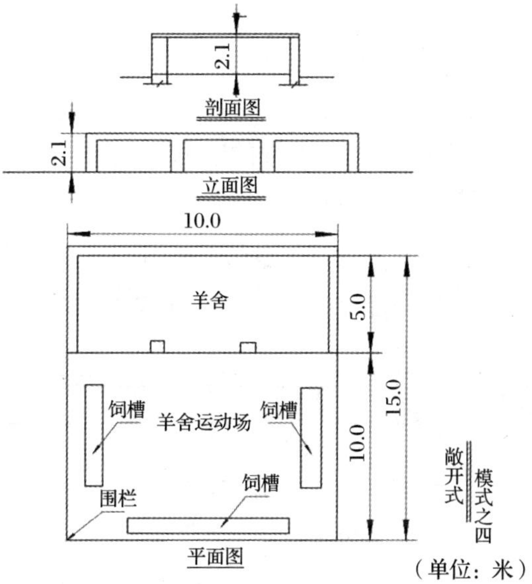

图7-2　敞开式羊舍

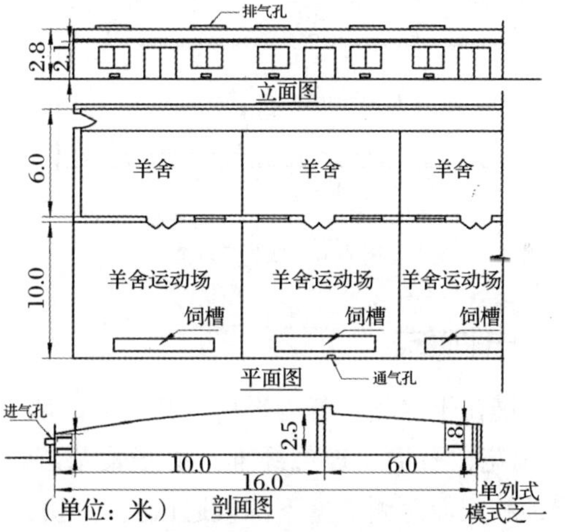

图7-3　单列式羊舍

二、单列式

单列式布置使场区的净污道路分工明确，但会使道路和工程管线线路过长。此种布局是小规模肉羊场和受场地狭窄限制的一种布置方式，地面宽度足够的大型肉羊场不宜采用。此羊舍投资少，易建造，有利于羊群的持续生长和管理，可以利用现有的旧房屋搭建，主要考虑保温性。圈舍多坐北朝南，呈长方形布局，前设运动场，上方搭建拱形支架，冬季可覆盖塑膜保温，夏季可覆盖遮阴网、稻草、树枝等防暑。

三、成年母羊舍——双列式

成年母羊舍可建成双坡、双列式。南面设大窗户，北面设小窗户。舍内水泥地面，有排水沟，舍外设带有凉棚和饲槽的运动场；舍内设有饲槽和栏杆。温暖地区，羊舍两端开门；较冷的地方，可一端开门。

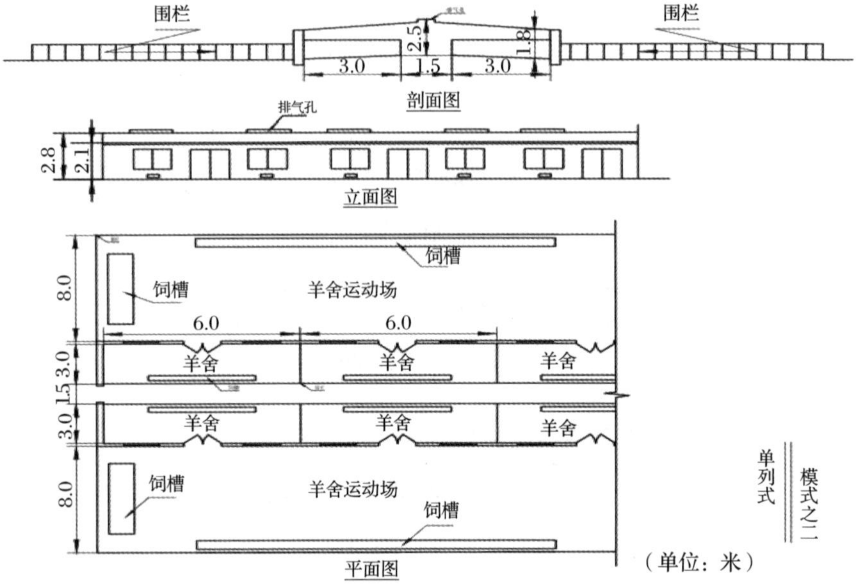

图7-4　双列式羊舍

四、羔羊舍——保暖式

羔羊舍在北方关键在于保暖，若为平房，其房顶、墙壁应有隔热层，材料可用蛭石、锯末、刨花、石棉、玻璃纤维、膨胀聚苯乙烯等。舍内为水泥地面，排水良好，屋顶和正面两侧墙壁下部设通风孔，房的两侧墙壁上部设通风扇。室内设饲槽和喂奶间，运动场以土地面和黏土砖为宜。

五、全封闭羊舍

这种羊舍四周是墙体，留门窗，上有屋顶。特点是结实、耐用、保温性强。一般由羊舍和室外运动场组成，舍内再分割成若干个小圈，留饲喂通道。以舍饲为主的羊场，羊只多在舍内、运动场内活动，羊舍内有固定的饲槽、饲草架、饮水槽等设施，同时羊只运动场有一定面积的遮阴棚，棚舍结合羊舍。这种羊舍大致分为两类：一类是利用原有羊舍的一侧墙体修成三面有墙前面敞开的羊棚，平时在棚内过夜，冬春产羔期进入羊舍；另一类是三面有墙，向阳避风，前面为1.2～1.5米高的矮墙，矮墙上部敞开、外面为运动场，平时在运动场过夜，冬季进入棚内。这种羊舍适于冬、春气候较暖和的地区。

六、塑料暖棚羊舍

这种羊舍由半开放舍和小型活动场组成，平时敞开，天寒时依托半开放舍加塑料薄膜，利用白天太阳能的蓄积和羊体自身散发的热量提高夜间羊舍的温度，避免妊娠母羊及羔羊遭受风雪严寒的侵袭。特点是经济合理，方便实用，圈舍结合。使用这种羊舍时应注意舍内通风换气，同时注意及时修补容易损坏的塑料薄膜，保持圈内地面的清洁及干燥。

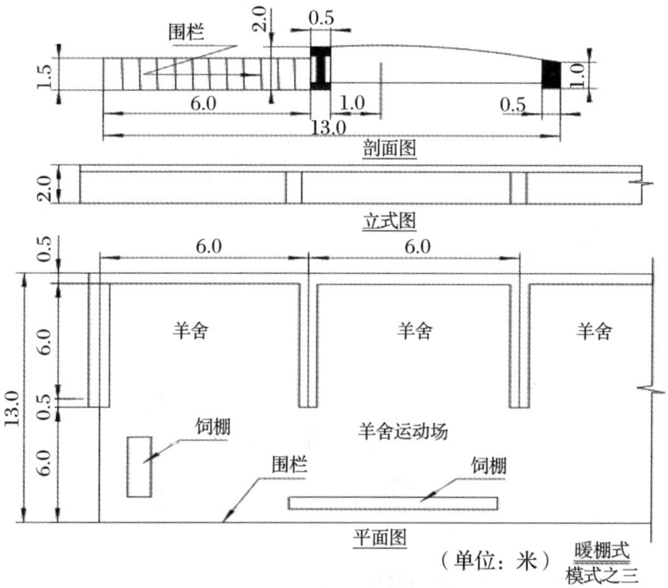

图7-5　暖棚式羊舍

在气候湿润地域，为了保持羊舍通风枯燥，可修建漏缝地板式羊舍。夏秋季，粪尿经过漏缝地板落入地下。羊床是羊躺卧和休息的地方，要求洁净、干燥、不残留粪便和便于清扫，可用木条或竹片制作，木条宽3.2厘米、厚3.6厘米，缝隙宽要略小于羊蹄的宽度，以免羊蹄漏下折断羊腿。羊床大小可根据圈舍面积和羊的数量而定。商品漏缝地板是一种新型畜床材料，在国外已普遍采用，但目前价格较贵。漏缝地板可用木条、竹子、塑料漏粪板铺设，也可铺设水泥预制漏缝地板，漏缝缝隙为1.5～2厘米，间距3～4厘米，离地面通常为30厘米左右。楼上开设较大的窗户，楼下只开较小的窗户，楼上面对运动场一侧既可修成半封锁式，也可修成全封锁式。饲槽、饮水槽和补饲草架等均可修在运动场内。

七、窑洞式羊舍

适用于大部分山区和土质较好的丘陵地区，是适合一家一户进行肉羊养殖的一种常用方式。此羊舍投资少，易建造，主要考虑通风和光照。可以利用旧窑洞，也可新挖或新盖，多为土木结构，窗户用木头或石头垒成。羊舍应因地形而建，可分散布局或呈长方形布局，前面设运动场，舍内一般不设饲槽，运动场设饲槽，有条件的可在运动场上方搭建拱形支架，冬季上面覆盖塑膜保温，在洞顶设进气孔和排气孔。舍内设产仔栏等设施。

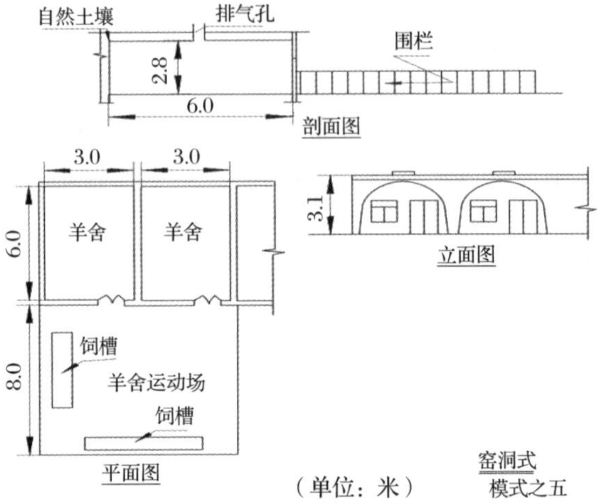

图7-6　窑洞式羊舍

任务五　羊舍的设施和设备

一、饲槽

饲槽可用砖和水泥砌成，也可用木料或铁皮制成。水泥饲槽一般靠羊的一面设有栏杆，木饲槽或铁皮槽可单独放置在栏杆之外。成年母羊的饲槽，高40厘米，深30厘米，上部宽45厘米，下部宽30厘米。羔羊饲槽一般高30厘米，深15厘米，上部宽40厘米，下部宽25厘米。

二、栏杆与颈夹

羊舍内的栏杆，材料可用木料，也可用钢筋；形状多样，公羊栏杆高1.2～1.3米，母羊1.1～1.2米，羔羊1.0米，靠饲槽部分的栏杆，每隔30～50厘米的距离，要留一个羊头能伸出去的空隙，该空隙上宽下窄，母羊预留空隙上部宽为15厘米，下部宽为10厘米，公羊为19厘米，羔羊为12厘米。每10～30只羊可安装一个颈夹，以防止羊只在喂料时抢食和有利于打针、修蹄、检查羊只时保定，颈夹可上下移动，也可以左右移动。

三、喂奶设备

人工哺乳，可用奶瓶、搪瓷碗、奶壶等给羔羊喂奶，大型羊场可安装带有多个乳头的哺乳器。国外大型羊场，已有自动化的哺乳器，可自动供奶，自动调温，自动哺乳。

四、饮水设备

一般羊场，可用水桶、水缸、水槽给羊饮水，大型集约化羊场，可用饮水器，以防止致病微生物污染水源。饮水设备包括水槽和自动饮水器。

1.水槽。一般固定在羊舍或运动场上，可用镀锌铁皮制成，也可用砖、水泥、成品陶瓷水池或其他材料制成。水槽上宽25厘米，下宽20～22厘米，垂直深20厘米，槽底距地面20～30厘米，长度一般0.8～1.5米。在其一侧下部设置排水口，以便清洗水槽，保证饮水卫生。水槽高度以羊方便饮水为宜。

2.自动饮水器。自动饮水器设有自动出水功能，干净卫生，节省人力，是规模化养殖场理想的饮水设备。可将自动饮水器设置在羊舍饲槽上方，使羊抬头就能饮水。

五、分娩栏

为了充分利用羊舍面积，可以安装活动分娩栏，在产羔期间安装使用，产羔期过后卸掉。每100只成年母羊应设8～14个分娩栏，每个面积为34平方米。

六、供草架

供草架主要用于饲喂饲草或青贮饲料，利用草架喂羊可以减少饲草的浪费，避免践踏和粪尿污染。可以用木材、竹条、钢筋等制作，有双面、单面和圆形草架。双面草架从侧面看为三角形，上宽下窄，用钢筋或木条制成，条间距为10厘米，可从两面采草。在双面草架的下部可装饲槽板，使之成为联合饲架。单面草架借助一面墙，采草面有隔栅，与墙形成一个上宽下窄的直角三角形。圆形草架多用钢材制成，放在运动场中央，圈内装草，羊从圈的外周采草。为防止羊进入圈内或从圈的上方采草，要求圈高在1米以上，在周围设隔栅，栅距为15～20厘米，可使羊头伸入栅内采食饲草。

七、药浴设施

药浴池建设为了防治疥癣及其他寄生虫病，每年要定期给羊群药浴，特别是放牧养羊场必须建有药浴池。常用的药浴池是上宽下窄的长方形方沟，一般用水泥筑成，池深80～90厘米，长约10米，池底宽30～60厘米，上宽60～100厘米。药浴池入口一端是陡坡，入口前设有围栏，羊群在围栏内等候入浴。药浴池出口一端筑成台阶，便于羊走出药浴池，并设置滴流台。羊出浴后，在滴流台上停留一段时间，使身上挂不住的药液流回池内。规模较小的羊场可以用特制的木桶、铁盆或水槽给羊药浴。

药浴注意事项：

1.先让健康羊药浴，有皮肤病的羊后浴。

2.在药浴前8小时停止喂料，在药浴前2～3小时给羊充足饮水。

3.药浴在剪毛后的7～10天进行，第一次药浴8～14天后再补浴一次。药浴后，药液滴尽后入圈，6～8小时后饲喂或放牧。

4.妊娠2个月以上母羊不进行药浴。

5.牧羊犬也要药浴。

6.药浴前，操作人员要做好防护后方可操作羊群药浴，以防中毒。

任务六　羊场的绿化

搞好肉羊场绿化，不仅可以调节小气候、减弱噪声、净化空气，起到防疫和防火等作用，而且可以美化环境。绿化应根据本地区气候、土壤和环境功能等条件，选择适合当地生长的、对人畜无害的花草树木进行场区绿化。场区绿化率不低于30%，绿化的主要地段：生活管理区应具有观赏和美化效果；场内卫生防疫隔离用地及粪便污水处理设施周围应布置绿化隔离带；场区全年主风向的上风侧围墙一侧或两侧应种植防风林带，围墙的其他部分种植绿化隔离带。树木与建筑物外墙、围墙、道路边缘及排水明沟边缘的最小距离不应小于1米。

一、绿化带

防疫、隔离、景观周边种植乔木和灌木混合林带，特别是场界的北、西侧，应加宽这种混合林带（宽度达10米以上，一般至少应种5行），以起到防风阻沙的作用。场区隔离林带主要用以分隔场内各区及防火，如在生产区、住宅及生产管理区的，四周都应有这种隔离林带，中间种乔木，两侧种灌木（种植2～3行，总宽度为3～5米）。

二、绿化

内外道路两旁，一般种1～2行树冠整齐的乔木或亚乔木，在靠近建筑物的采光地段，不应种植枝叶过密、过于高大的树种，以免影响肉羊舍的自然采光。最好采用常青树种。

三、运动场遮阴林

运动场的南侧及西侧，应设1～2行遮阴林。一般可选枝叶开阔、生长力强、冬季落叶后枝条稀少的树种，如北京杨、加拿大杨、辽杨、槐、枫等。也可利用爬墙虎或葡萄树来达到同样的目的。运动场内种植遮阴树时，可选用枝条开阔的果树类，以增加遮阴、观赏及经济价值，但必须采取保护措施，以防羊损坏。

四、场地清理与地形处理

（一）场地清理

按照种植设计要求，将绿化种植现场进行平整、清理，除去杂树、杂草及其他杂物，这是绿化植物种植前不可缺少的工作。必要时需要进行换土，将种植客土运至现场。

（二）地形处理

庭院绿地若需要进行人工地形处理，则在种植之前就需人工造型。地形造型前，先按照竖向设计或地形设计施工图纸上的标高及现状地形标高，计算出地形处理所需要的土方量。土方量的计算常用的方法有体积公式估算法、等高面积法、横截面积法等。

体积公式法主要用于山丘、土台等造型土方体积计算。一般直接使用类似几何体积公式来计算。

等高面积法是将每个等高面层间的体积累加起来计算地形土方体积的方法。横截面积法多用于地形自然起伏变化较大的庭院绿地土方计算。首先，划定横截面位置，剖切线应尽量垂直于等高线或场地边线。若遇到场地不规则情况，则应尽量使剖切位置处于转折处。横截面的间距可以不相等，一般根据地形变化程度定为10米、20米或50米。其次，求作剖切位置的横截面，计算各横截面的面积。最后根据各截距计算出土方造型体积。

下篇 2 PART

羊常见病防治

项目八　羊病的综合防治

随着肉羊产业的快速发展，羊的存栏量迅速增加，集约化、规模化、标准化舍饲养殖模式得以大力推广，羊疾病防治面临的压力也越来越大。一方面，跨省市活羊调运日益频繁，疫病传播的风险逐渐加大；另一方面，舍饲养羊密度大、运动少，羊的抵抗力下降、感染机会增大。同时，伴随着人畜共患疾病时有发生，羊疾病发生的种类和数量增多，隐性感染和混合感染常使疾病的临床症状变得不典型或发病情况复杂，容易造成误诊，往往影响着疾病的诊断和治疗，造成很大损失。因此，掌握羊病的预防、诊断和治疗技术对有效地控制羊病，降低养羊的风险和成本，保障人畜健康，促进养羊业进一步发展具有重要意义。

任务一　羊病的预防

羊的疾病繁多，包括传染病、寄生虫病、普通病等。羊病导致羊只生长发育缓慢、繁殖障碍及产品数量、质量下降，带来严重的经济损失，特别是传染性疾病，羊群中一旦发生很快就会传染全群，造成全群死亡，羊病中许多是人畜共患病，对人及其他家畜会造成威胁，所以羊病是影响养羊业经济效益的重要因素之一。在养羊生产中必须认真贯彻“积极预防，及早诊断，防治并举”的原则，迅速消灭疫情，减少损失。

一、加强饲养管理

满足羊只生长发育的营养要求，饲料要多样化，营养要全面，不要喂霉变、不洁净的饲料，不要在污染的地区放牧，实施重点补饲制度，如羊在越冬季节牧草枯黄，必须补饲，特别是羔羊、怀孕母羊、哺乳羊及种公羊配种季节必须补饲，增强机体抵抗力，防止羊病发生。

二、保证良好的卫生环境

羊舍的建筑尽量保证冬暖夏凉，保证羊舍的干燥、清洁。每天要清除羊舍的粪便及污物，搞好羊舍的卫生。

三、定期预防注射

根据当地传染病流行情况，有针对性地定期注射几种危害性较大的传染病疫苗，注射疫苗的种类、时间和每年注射次数要根据疫情流行规律、疫苗特点、羊的状态以及防疫需要来定。现在一般注射炭疽苗、羊三联苗等。预防注射要求做好组织安排，保证防疫率，才能达到预期目的。

四、定期驱虫

几乎所有的羊只都会感染种类、数量不同的寄生虫；每年春秋两季定期给羊驱虫，驱虫药的选择须按照本地寄生虫的种类及危害情况、药物的特点而定，原则上尽量针对当地几种危害较大的寄生虫，选用广谱、低毒、廉价且效果好的药物。

杀灭中间宿主，根据本地实际情况，合理安排驱虫时间和次数。每年在春季和秋季分别进行一次驱虫。在生产中，每一次有新购进的羊进场和育肥之前，羊都要给予驱虫，可采用阿维菌素针剂逐只注射，做广泛性驱虫。当确定病因时，有针对性地选择驱虫药物，或交叉用2～3种驱虫药，亦或重复使用两次等都会取得更好的驱虫效果。

五、药浴

羊体表可寄生多种危害很大的外寄生虫，如螨、虱、蜱等。让羊在要求浓度的杀外寄生虫药液浸浴，可有效防治部分外寄生虫危害，通常每年在春季剪毛后进行一次药浴；药浴应在专设的药浴池内进行，只数少可用药浴槽或木桶进行，常用药浴药有蝇毒磷、辛硫磷、杀虫醚、二氯苯醚菊酯、除虫精等。

六、定期消毒

消毒的目的是消灭传染源，切断传播途径，防止传染病的发生，羊场要建立严格的消毒制度，定期对羊舍及用具进行消毒，在消毒前要认真打扫羊舍，然后用消毒药喷洒地面、墙壁、天花板及护栏，每年至少消毒两次。在产羔前应对产房进行一次消毒。在生产场区门口设立消毒池，更衣室设紫外线灯消毒。产房在产前、产后和产羔高峰期要多次消毒，在安全浓度下可带羊一起消毒。消毒可采用蒸煮、高压、紫外线照射、消毒剂喷洒、熏蒸和堆积发酵等多种方法。

七、检疫

新引进羊到达时，须隔离1个月进行检疫，给确认为阴性并健康的羊接种疫苗并驱虫，经过10～15天仔细观察和检查，没有发生任何异常反应者，经消毒后方可入场或混入其他羊群。对检出传染病是阳性或可疑的羊，应及时隔离并进行复查确诊，普通传染病可酌情治疗，烈性传染病按有关规定一律就地扑杀、销毁或深埋（深度2米以上）。羊场可根据当地（ 场、群）疫情对全群进行定期检疫，及时检出、淘汰、处理阳性羊，复检可疑羊，防止疫病扩散、传播和流行。羊场和养羊比较集中地区，必须定期对羊只进行检，因为羊群中感染了病毒、细菌、寄生虫而不表现症状或症状不明显是重要的传染源。定期检疫是应用简便易行的免疫学和微生物学方法检查羊群。及时发现有病羊只，采取安全措施，防止传染和威胁；检测羊只抗体水平，为防疫提供依据。

八、实施药物预防

羊病较多，某些病现在还没有疫苗或疫苗应用还存在一些问题，因此应用药物预防疫病是一个重要的预防措施。如羔羊一般在饲料中添加土霉素等添加剂可以有效预防肠道疾病的发生。

保健添加剂：常用的药物有磺胺类药物、抗生素和硝基呋喃类药物，此类药物中除青霉素、链霉素等抗生素供注射外，大多数均可混入饮水或拌入饲料中口服。值得注意的是，长期使用化学药物预防，容易产生耐药性菌株，影响药物防治效果，所以要经常进行药敏试验，选择高度敏感性的药物，提高预防和治疗效果。

1.四环素族抗生素。一般占饲料的比例为预防量0.01%～0.03%，治疗量0.05%，连用5～7天。例如土霉素：在羔羊生后12小时内，口服土霉素，每天一次，连服3天，能起到一定的预防效果。

2.硝基呋喃类药。一般占饲料或饮水的比例为预防量0.01%～0.02%，治疗量0.03%～0.04%，连用5～7天。必要时，可酌情延长。

九、预防羊的传染病常用疫苗

1.无毒炭疽芽孢苗。上清液透明，瓶底有少量灰白色沉淀，摇匀后乳白色。

作用与用途：预防炭疽，但不能用于山羊。后可产生坚强的免疫力、保持1年。注射后1～3天体温有升高，局部红肿，3～10天自行消退。

用法用量：皮下注射0.5毫升，每年1次，疫苗应保存于2～15℃干燥处。

注意事项：体弱者不宜注射，注射后7天内应加强饲养管理，14天内不能屠宰，此期间有死亡羊只不能食用，并应查明原因。用时摇匀，注射后要将注射器煮沸消毒。

2.羊快疫—猝狙—肠毒血症三联苗。死菌苗，上清液黄褐色，底部有沉淀。

作用与用途：预防羊快疫、猝狙、羊肠毒血症。免疫期半年，注射后有跛行，不久自行恢复，注射14天产生免疫。

用法用量：各年龄羊一律皮下注射或肌注5毫升。

3.布鲁氏菌毒苗。白色冻干苗。

作用与用途：羊5号苗皮下或肌注10亿活菌，保存0～8℃，有效期1年。

注意事项：孕羊忌注，以防流产。

4.羊大肠杆菌苗。

作用与用途：预防羔羊大肠杆菌病，注射后14天产生免疫力，免疫期5个月。

用法用量：皮下注射3月龄以下羊0.5～1毫升，3～12月龄为2毫升，2～5℃干燥处保存，有效期1.5年。

5.羔羊痢疾菌苗。预防羔羊痢疾。

用法用量：给怀孕羊皮下或肌肉注射。二次分娩前20～30天注射2毫升、分娩前10～20天注射3毫升。

6.羊链球菌氢氧化铝菌苗。死菌苗、乳状。

作用与用途：预防羊链球菌病，注射后21天产生免疫力，免疫期6个月。

用法用量：绵羊、山羊不论大小一律皮下注射5毫升，于2～15℃阴暗干燥处保存。

7.山羊传染性胸膜肺炎氢氧化铝菌苗。死菌苗、乳状。

用法用量：山羊皮下或肌肉注射，6月龄以下羔羊3毫升，成年羊5毫升，注射14天产生免疫力，免疫期1年，保存2～10℃，有效期18个月。

注意事项：防冻结，用时摇匀。

任务二　羊病的临床诊断

羊病的诊断方法包括病史了解、临床诊断、实验室诊断、微生物及免疫学诊断等。在此介绍临床检查方法。

一、羊的基本情况

主要包括羊的体质营养状况、精神状态和皮毛状态。

（一）体质营养状态

羊只肥瘦、强弱是营养状况的具体表现，营养状况的变化对疾病具有重要的意义。营养较好的羊只肌肉丰满肥厚，皮下脂肪丰富，肋骨、胯骨不突出。如患急性胃肠炎、发热性疾病，羊体迅速消瘦；患慢性疾病、寄生虫病，羊体表现逐渐消瘦；危急病例往往躯体高度消瘦，营养极度衰竭。

（二）精神状态

该项是羊对外界刺激反应能力的行为表现，是病羊中枢神经功能状态的标志，是患病程度的重要表现。正常的羊静止状态下表现安静，反应灵敏，患破伤风羊只则表现对轻微刺激反应强烈，易惊恐。在临床中，精神兴奋、情绪烦躁多属热性病前期，精神沉郁多属疾病后期、慢性病及消耗性疾病；精神萎靡、神志不清，多属危症病例。

（三）皮毛状态

正常羊毛光顺、整齐、有弹性。若皮毛粗糙无光，又不按季节脱毛，应考虑体外寄生虫病、皮肤病等慢性疾病；若皮毛逆竖则多属高热性疾病。

表8–1　羊的皮肤触诊检查

皮肤触诊	正常皮肤	皮肤弹性正常；用拇指和食指捏紧皮肤并提起，松开后皮肤能立即恢复原状者
		皮肤触觉灵敏，反应适度
	病羊皮肤	皮肤敏感性下降或消失（羊神经麻痹）、胸部的敏感性增加（羊传染性胸膜肺炎）
		皮下水肿时，触压呈生面团状，有压痕，无热痛感（羊肝片吸虫病表现眼睑、胸腹下水肿，尤其颌下水肿明显，俗称“水布袋”）
		炎性肿胀时，触压发硬有热痛感，无压痕（羊痘表现面部水肿），皮下血肿、脓肿或淋巴液外渗时，触压柔软、有弹性和波动感，无压痕（出血性疾病）
		皮下气肿时触压柔软、有气泡窜动，并有捻发音（羊气肿疽）

（四）体表淋巴结

手摸颌下、肩前、膝上、乳房淋巴结检查其形状、大小、硬度、温度、活动性和敏感性。羊患结核病、伪结核病或链球菌病时体表淋巴结肿大。羊链球菌病俗称“嗓喉病”，以下颌淋巴结和咽喉部肿胀为特征。

二、羊的行为变化

羊的行为变化是临床诊断的一个重要依据。

（一）采食和反刍

在正常的情况下，羊只采食后30～60分钟开始反刍，每次咀嚼50～60次，持续30～60分钟，每次反刍4～8次。若采食、反刍咀嚼无力，次数减少，甚至停止，则主要是患前胃病或发热性疾病；若羊不喜欢采食，且常舔土，尤其是羔羊则可能诊断为捻转胃虫病及棕色胃虫病。

（二）运动行为

许多疾病可出现运动和行为失调，例如行走时四肢动作不协调，走路摇摆像醉酒，可判断为脑脊髓炎；铜缺乏症，中毒性疾病；患脑棘球蚴病、羊鼻蝇蛆病，可见到羊盲目转圈运动；瘤胃臌气，积食，急性胃肠炎等，可见腹痛不安、鸣叫、头向后弯看腹、后蹄踢腹甚至起卧打滚等异常表现。

（三）避群

羊爱成群活动，一般不离群；若离群躲在一边，无精打采，则属于有病症候。

三、可视黏膜

一般健康羊只眼结膜，口腔、鼻腔黏膜呈粉红色，若口腔黏膜发红多属热性疾病。黏膜发红带有血丝、出血多为传染性病。黏膜发白多为贫血性疾病。黏膜黄染多为肝病。黏膜发绀多为呼吸系统疾病。

图8-1　徒手开口法

四、呼出气体及粪便情况

嗅分泌物、排泄物和呼吸气体，有助于诊断羊病。如肺坏疽鼻流脓性分泌物，带有恶臭气味；患胃肠炎时，粪腥臭或恶臭；消化不良时，呼气中闻到酸臭味。

粪便观察：正常粪便块小而微湿；尿呈透明草黄色、稀薄如水。若粪稀烂或带有黏液和血，应考虑胃肠道疾病。此种粪便反复出现并有磨牙表现应考虑有寄生虫病。若粪便中混有扁平的绦虫节片，就可确诊为绦虫病。若尿液异常，可考虑泌尿系统疾病、中毒病和肝病等。

五、呼吸、心率和体温

（一）呼吸

健康的羊一般为胸腹式呼吸，山羊每分钟呼吸10～20次，绵羊每分钟呼吸12～20次。当瘤胃臌气、胃肠扩张时，腹部受压，表现为胸式呼吸；反之，当肺部和胸部有病时，表现腹式呼吸。若呼吸加快，应考虑发热性疾病；若伴随着咳嗽、流鼻涕、打喷嚏，应考虑呼吸系统疾患；若随着喷嚏喷出蝇蛆，应确诊为鼻蝇蛆病。

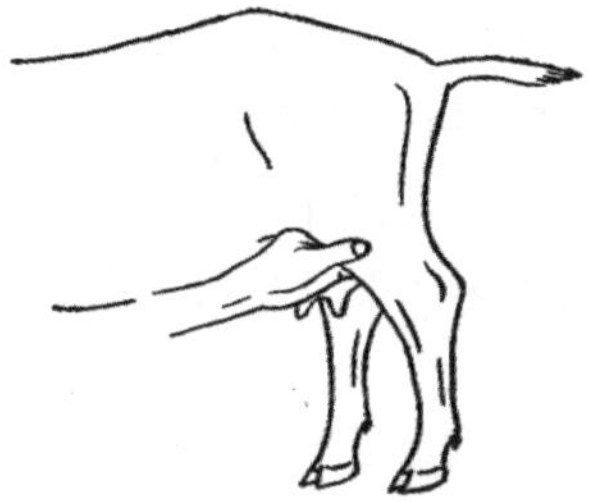

图8-2　羊股内动脉脉搏检查

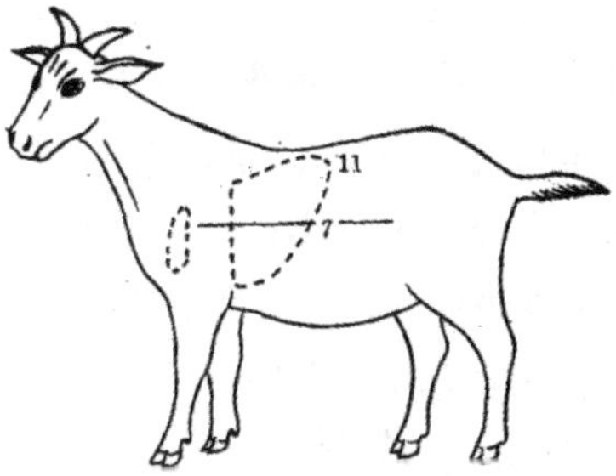

图8-3　羊肺部叩诊界

（二）体温变化

山羊正常体温38.5～39.5℃，绵羊38～39℃。体温升高多属发炎症和急性、传染病前期；过低属消耗和虚弱性疾病以及疾病垂危期。

六、羊的病理剖检

在羊患病过程中，常常伴随着组织器官不同程度的病理损伤和病理变化，这些损伤和变化是临床上初步诊断疾病的重要依据，剖检表现的特征性病变是鉴别疾病的基础。如真胃出血性炎症和肾脏软化如泥是区分“羊快疫”和“羊肠毒血症”的特征性病变；肺实质肉变或实变、切面呈大理石样是诊断山羊传染性胸膜肺炎的特征性病变；淡白色索状瘢痕突出于肝表面，其中有成虫、幼虫和虫卵是“肝片吸虫”慢性病例的典型病变。然而，最急性型病例往往缺少典型病变，需要解剖不同病程的病例，必要时进行组织学检查。

表8-2　病羊解剖步骤

解剖前	选择在远离居民区、羊圈、水源和道路处进行，死亡时间不超过6小时
	消毒剖检器械如刀、锯、斧、剪、镊子、注射器、针头、器皿及塞子
	看品种、性别、年龄等特征和营养状况，再看皮肤、天然孔（口、鼻、耳、肛门、外生殖器）及可视黏膜的变化
	取末梢（耳尖静脉）血液涂片检查，排除羊炭疽，怀疑患炭疽病的羊不能剖检
解剖中	依次检查皮下脂肪、血管、血液、皮下淋巴结、肌肉、乳房、外生殖器官、喉、舌、食道、气管等的变化，以及心、肝、脾、肾、肺、淋巴结、胃肠消化道等的变化
	同时采集有病变的脏器、组织、体液、排泄物等病料供进一步检查，供病理组织学检查的病料应保存于10%甲醛溶液或95%酒精中固定，病料样本与保存液的比例为1：10，样本块不要太大
解剖后	对剖检后的场地、尸体和污染物进行消毒、焚烧或深埋处理；对剖检器具、工作服等进行灭菌消毒

七、实验室诊断

在临床表现或病理变化不典型、无法确诊时，就需要进行实验室检查。采取病变的器官、组织、体液、分泌物、排泄物等病料，送相关检验单位进行诊断。实验室检查包括血、尿、粪的常规和生化分析，细菌学检验，病毒学检验，免疫学或分子生物学检验（凝集反应、沉淀反应、补体结合反应、中和试验、酶联免疫吸附试验、琼脂扩散试验、荧光抗体技术、聚合酶链式反应技术等），寄生虫学检验，毒物分析等。

任务三　羊病的治疗技术

一、羊的口腔投药技术

羊的口腔投药，根据所给药物的剂型、剂量及有无刺激性和羊只的个体差异以及病情的不同，常用的有三种投药方法，其操作如下。

（一）自由采食法

此法多用于大群羊的预防性治疗或驱虫。将药物按一定比例均匀地拌入饲料或饮水中，让羊自行采食或饮水时将药物服下。

（二）徒手投药法

将粉剂药物按一定剂量混入面糊内做成临时药丸或片剂，人工投入羊口内，此法多用于对病羊的治疗给药。投药时助手将羊头抬起，投药者用一手从一侧口角伸入拇指顶上颚打开口腔，另一只手持药片、药丸或用竹片刮取舔剂，自另侧口角送入舌根部，同时抽出手使其闭口，并用右手掌托其下颌骨，使头稍高抬，待其自行咽下。

（三）口腔灌药法

主要用于少量的水剂、粉剂、研碎片剂、中药及其煎剂的给药。操作步骤：先将药物加适量的水制成混悬液，根据羊只个体大小，选择适当的灌药工具（长颈橡皮瓶、塑料瓶、啤酒瓶或吸球）将药液装入，抬高羊头部，使口角与眼呈水平状态，操作者站在斜前方，左手食、中指从一侧口角处伸入口腔，并轻压舌头，右手持盛满药液的灌药瓶，自另侧口角伸入舌背部抬高瓶底，并轻轻振抖，如用橡胶瓶时可挤压瓶体，促进药液流出，在配合吞咽动作中继续灌服，直至灌完。注意不要灌得太急，发生咳嗽时应暂停片刻，并将羊头低下，使药液咳出，稍微休息一会再灌服，以免误咽。

（四）羊经鼻插胃管

术者一手从鼻梁处握住羊的上下颌固定之，另一手持胃管（一般用人医用胃管）从一鼻孔经下鼻道插入，至咽部后继续插入食道和瘤胃。

图8-4　羊经鼻插胃管

二、羊的肌肉注射给药方法

肌肉注射法是兽医临床上常用的给药方法。肌肉内血管丰富易吸收，感觉神经较少，疼痛轻微。刺激性较大或较难吸收的药液（水剂、乳剂、油剂等）以及多种疫苗的接种，均可应用此法。注射部位可选择肌肉肥厚并能避开大血管及神经干的部位，羊可在颈部的两侧等。注射操作步骤：保定羊只（一般取站立保定方式），注射部位剪毛消毒，术者左手固定注射部位，右手持注射器，与皮肤呈垂直的角度迅速刺入肌肉2～3厘米（视羊的大小而定），回抽针管内芯，确认无回血后，方可注入药液，注射完毕拔出针头，局部消毒。

三、羊的皮下注射给药方法

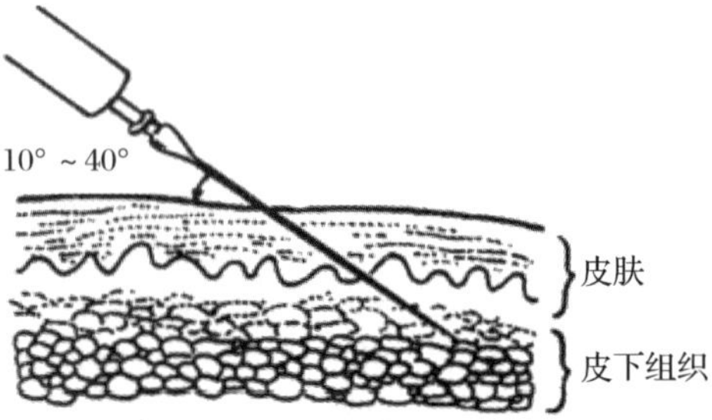

图8-5　皮下注射的进针角度

对于易溶解、无刺激性的药物，或希望药物较快吸收、尽快产生药效时，均可用皮下注射法给药，如阿托品、阿维菌素、疫苗、血清等均可用此法。注射部位可选择羊的颈部两侧或股内侧的皮肤较松处。注射方法：先保定（也常取站立保定式），局部消毒，以左手的食指和拇指捏起注射部位的皮肤，右手持注射器，使针头和皮肤成30度角，向内下方刺入2～3厘米，注入药液，注射完毕，拔出针头，消毒注射部位。

四、羊的皮内注射给药方法

皮内注射主要用于皮内变态反应诊断及炭疽芽孢苗免疫注射。注射部位可选在颈部两侧或尾根部。方法：先取站立式保定，局部消毒，然后以左手拇指、食指和中指固定（绷紧）皮肤，右手持注射器，使针头与皮肤呈30度角，刺入表皮与真皮之间，缓慢注入药液，至皮肤表面形成一个小圆形丘疹即可。

五、羊的静脉注射给药法

静脉注射是将药液直接注入静脉中，随血液而分布全身，可迅速产生药效，但排泄也较快。主要用于补液和刺激性较大的不适用于肌肉和皮下注射的药物。注射部位多采用颈静脉和耳静脉，也可以用四肢静脉。操作步骤：先保定羊只（可取站立式，也可取侧卧式），在颈静脉上1/3处，局部剪毛消毒，用左手拇指在其血管的近心端按压，使血管怒张，其余四指在颈的对侧固定。右手持针头或注射器，将针头向斜下方刺入静脉内，松开左手见到回血后，再将药液慢慢注入静脉内，注射完毕后，以左手按住注入孔，右手拔出针头，消毒注射部位。如药液量较大，可采用输液器进行输液。操作步骤基本同静脉注射，固定羊只、消毒局部、按压血管，右手将已排尽空气的输液针头刺入静脉血管内，见到回血时方可松手，观察2～3分钟，看药液滴入是否均匀，扎针部位是否正常，如果一切正常，可用胶布或纸夹固定好针头，让配好的药液缓慢地滴入血管内即可。输完后左手用酒精棉球按住针孔，右手将针拔出，左手继续按压片刻，以防血液流出。

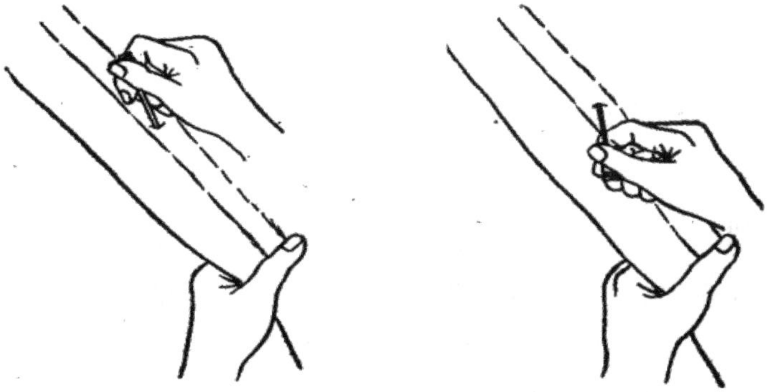

图8-6　颈静脉注射的两种穿刺方法

六、如何提高羊病的治疗效果

羊病的治疗不是单纯的对症用药过程，它是根据病原微生物的性质、疫病的发展过程、羊的整体状态进行综合施治的过程。为提高羊病的治疗效果，必须采取如下措施。

（一）正确诊断

根据流行病学、临床症状、病理剖检，结合实验室的病原学、血清学或常规检查做出确切诊断。

（二）正确使用药物

包括三个方面：一是特效药物的使用，原则有四项：根据病原体的性质正确选择药物；尽早用药；选择敏感性药物，可做药敏试验；治疗药物很多，要注意配伍禁忌。二是常规药物的使用，为缓解临床症状，提高羊体对疫病的非特异性抵抗力，常对症用药和使用营养类药物，如发热时解热药的使用，脱水时的补液、补糖、添加维生素。三是采用适宜的用药途径，根据药物的性质选择合适的给药方法。根据病情需要，急症时多注射法给药，慢性时多口服给药。

（三）加强饲养和护理

俗话说，动物疾病，三分靠治七分靠养。生产实践证明，良好的饲养管理和正确的护理对提高疾病的治疗效果、病羊的尽快康复作用显著。因而，通过清洁、消毒、通风，调节羊舍温、湿度，改善病羊的生活、生产环境，调节饲料中的营养成分，增加维生素、矿物质含量等措施，可提高羊病的治疗效果。

任务四　羊的细菌性传染病

一、炭疽

炭疽是由炭疽杆菌引起的一种急性、热性人畜共患的传染病，常呈散发性或地方性流行，家畜中绵羊最易感染，多为急性经过，死亡率高。

病原：炭疽杆菌，为革兰氏阳性杆菌。炭疽菌对外界抵抗力不强，煮沸和一般消毒药都能杀死，但是在体外一旦形成芽孢，抵抗力非常强，在皮毛上干燥保存十年仍未死亡，土壤牧地一旦被芽孢污染可维持20～30年的传染性，在粪水中能长期生存。

图8-7　脾肿大、柔软，切面呈黑色，结构不清　王雯慧

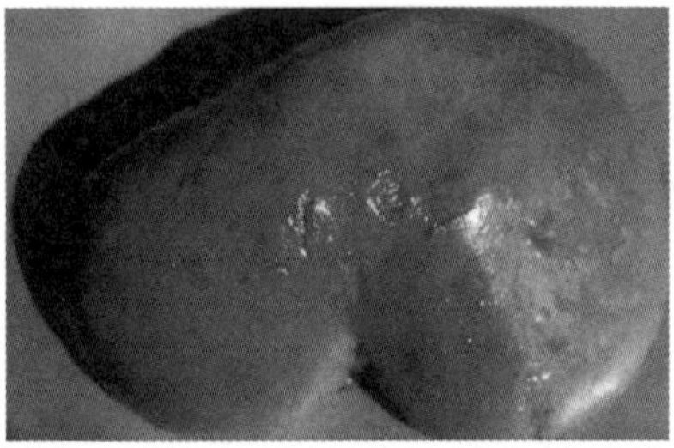

图8-8　肾肿大、淤血、出血、变性，表面有灰白色坏死灶　王雯慧

症状：羊感染本病后，多为最急性或急性经过，尤其是绵羊最为多见，突然倒毙而见不到死前症状，或只看到体温升高到40～42℃，呼吸困难，黏膜发绀、迅速死亡。

病理变化：尸僵不全，腹部膨胀，肛门突出，天然孔流出暗红色或黑色血液，血凝不全，皮下和浆膜下组织出血和胶样浸润，淋巴结肿大出血，脾脏肿胀。由于对炭疽病尸体严禁剖检，所以应特别注意外观特征的综合判断，以免误判。

诊断：根据病史、症状、尸体特征变化，临床不难诊断。但应和巴氏杆菌、气肿疽、焦虫病区别，巴氏杆菌主要病变在肺，脾脏不肿大；气肿疽主要病变在皮下，用手可感到皮下气体发生特殊的捻发音；与焦虫病症状相似，但流行季节和蜱的出现一致。可视黏膜不发绀，而是黄染，且对抗菌药物无效，对抗焦虫药有效。有条件时可以结合细菌学检查和血清学检查。

防治：①常发地区坚持每年定期给羊等草食家畜注射炭疽菌苗。②发现亚急性病羊，可尽快用大剂量的抗生素注射，青霉素100万单位，一天2次，连用3天。③严禁对疑似炭疽病尸体剖检、剥皮、食用，以稳妥办法包好，深埋在远离人畜居住地方和水源处。④对被污染垫草、粪便等应烧毁。对大量的粪便应堆积发酵，当堆内温度达到72～76℃，经过4天即可杀死病原。污染羊舍地面应将土铲除深埋。对有关的污染物，可以用0.1%的升汞溶液、10%的热烧碱液、20%的漂白粉液、5%的碘酊消毒，以杀死芽孢。

二、羊快疫

本病是由腐败梭菌引起的急性传染病，多发生于青年绵羊。山羊发病较少。发病羊一般膘情都很好。

病原：腐败梭菌、厌氧、革兰氏阳性杆菌在动物体内、外都可形成芽孢，芽孢抵抗力强。用20%的漂白粉，3%～5%的烧碱溶液均有消毒作用。

症状：最急性死亡的病例看不到死前症状。急性病例可看到腹胀、腹痛、眼结膜极度充血、走路不稳、痉挛、磨牙，体温升高到41℃，病程不超过1天，大多在数小时内死亡。

病理变化：在死后因病原很快蔓延全身而致尸体腐败，剖检可见全身器官显著充血、出血、水肿，腹腔内有带血色腹水，脾脏无显著变化，特别是胃和十二指肠表现出血性肿胀且有气泡。

图8-9　肾淤血　王雯慧

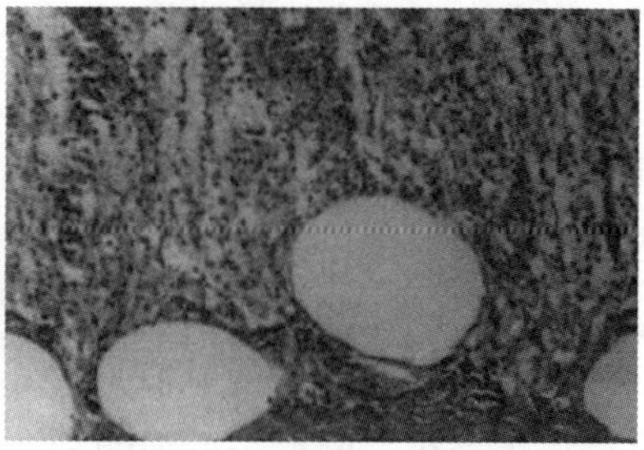

图8-10　胃黏膜组织充血　王雯慧

诊断：根据发病史，尸体剖检，胃肠病变可初步诊断。采取肝组织制片可以确诊。

治疗：因本病死亡很快，治疗常无效果。病程稍长者，可用青霉素或磺胺类药物结合使用强心剂治疗。

预防：除平时加强环境消毒外，每年注射一次羊三联苗，有良好预防效果。病死羊要焚烧或深埋。对污染的场地用3%～5%烧碱消毒。

三、羊猝狙

羊猝狙是一种急性传染病，成年绵羊多发，幼年少发，呈地方性流行，常和羊快疫并发，二者难以区分。

病原：C型魏氏梭菌，又名C型肠毒血症菌。

症状：呈急性毒血症中毒，突然发病，数小时内死亡。

病理变化：真胃和肠道严重炎症，充血、出血、肿胀。

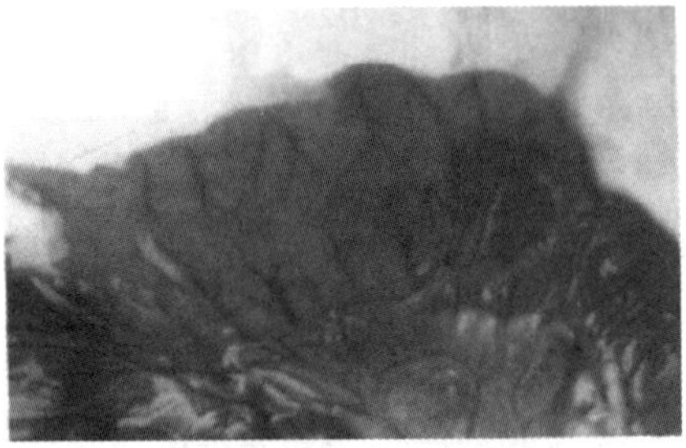

图8-11 肠壁潮红、肠内容物鲜红 王雯慧

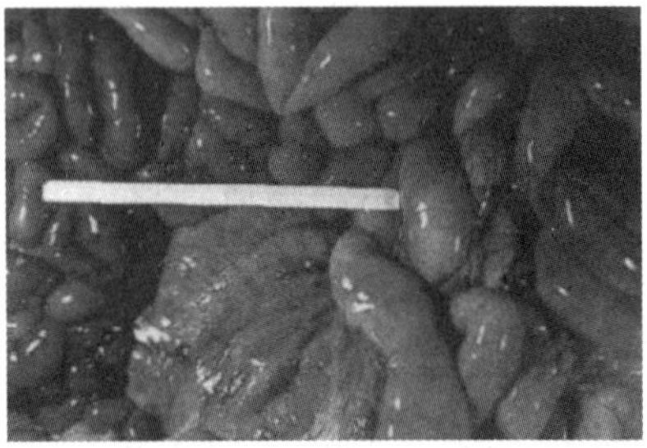

图8-12 出血性肠炎、空肠糜烂 王雯慧

诊断：根据病史和流行特点，病理剖检胃肠变化，可大致判断是快疫类传染病；要想确诊，采用细菌学和肠毒素检查方法。防治同羊快疫。

四、羊肠毒血症

羊肠毒血症是羊的一种急性中毒性传染病。在临床上极似羊快疫，故称“类快疫”。由于病羊肾脏柔软如泥，故又称“软肾病”。

病原：D型魏氏梭菌，又名产气荚膜梭菌，厌氧、革兰氏阴性。自然界及正常家畜肠道内部有分布，当羊肠道内微生物生态平衡失调，此菌超常增殖产生大量外毒素，引起羊毒血症。

症状：流行初期多为急性病例，腹痛腹胀、不安、离群呆立或离群卧地，有时独自奔跑。濒死前可出现腹泻，粪稀如水、黄色；行走步态不稳，心跳、呼吸加快，颤抖，磨牙，倒地四肢痉挛，左右翻滚，头颈后仰，鼻流白沫，口色苍白，耳尖四肢冰凉，在昏迷中死亡。一般体温不高，病程约1～4小时。流行后期的病例病程延长至12小时或3天，病势缓和，最终不免一死。

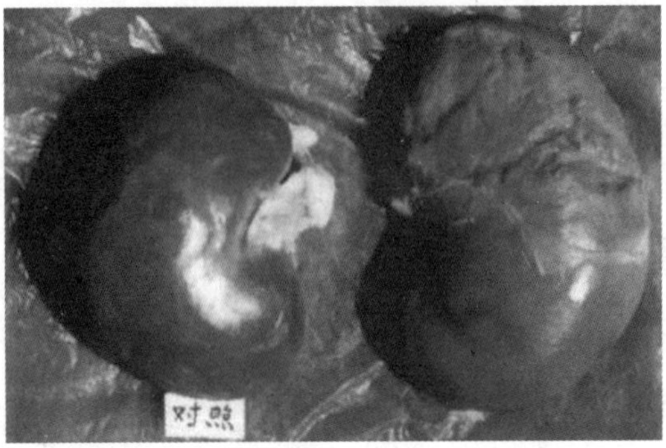

图8-13 肾软化，肾实质呈稠糊状并与被膜粘连（右），左为正常对照，较坚实 王雯慧

流行病学特征：绵羊多发，山羊少发；膘情好的羊发病；各龄羊均发，以2岁以内羊多发；羊在突然更换饲料，采食大量青绿多汁饲料和蛋白质含量高的豆科饲料及冰冻不良饲草情况下，引起肠道机能紊乱而发病。具有明显季节性（春末夏初、秋末冬初）和条件性（羊抵抗力下降），多为散发，在一群内流行1～2个月。

诊断：①根据发病史与流行特点，以及小肠、胃、肾的特征病变，综合分析，可初步判断。②取尿液，进行尿糖检查，有助确诊。③决定性诊断是在实验室进行细菌学和肠毒素检查。防治同快疫。

表8–3　羊的四种梭菌性疫病的鉴别要点

鉴别要点	病　名			
	羊快疫	羊肠毒血症	羊猝狙	羔羊痢疾
易感动物	绵羊、山羊	绵羊、山羊（1年以下多发）	成年绵羊1～2年多发	羔羊
病性	毒血症	毒血症	毒血症	急性毒血症
营养状况	膘情较好者多发	膘情较好者多发	膘情较好者多发	体质瘦弱者多发
发病季节	秋冬和早春	夏收、秋收季节	秋、春	冬季
发病诱因	多见于阴洼潮湿地区；气候剧变，阴雨连绵，风雪交加；吃过冰冻霜草料	食入过量青嫩多汁或富含蛋白质的草料	常见于低洼沼泽地放牧的绵羊	母羊怀孕期营养不良，气候寒冷，哺乳不当
体温	一般正常	一般正常	一般正常	降至常温以下
转归	急死，无耐过者	急死，无耐过者	急死，无耐过者	稍缓死很少自愈
特征	突然发病，即刻死亡	突然发病，即刻死亡	急性死亡，腹膜炎、溃疡性肠炎	剧烈腹泻，小肠溃疡
可视黏膜	可视黏膜充血呈蓝紫色，天然孔流出血样液	口腔黏膜苍白，口鼻流出泡沫样液体	无明显异常	部分口流白沫
前胃黏膜自溶脱落	多见	无	无	无
真胃出血性炎症	很显著，呈弥漫性或斑块状	轻微	无	无
小肠出血性炎症	一般轻微，个别较重	较普遍而严重	严重	较普遍而严重
肾脏软化	少有，较轻微	多数有，且较明显	无	无
病原菌及涂片镜检	腐败梭菌，肝被膜触片，有无关节长丝状的菌体	D型魏氏梭菌，血液和脏器可见两头钝圆的粗大杆菌	C型魏氏梭菌，血液和脏器可见两头钝圆的粗大杆菌	B型魏氏梭菌，血液和脏器可见两头钝圆的粗大杆菌

五、布鲁氏杆菌病

本病是由布鲁氏菌引起的羊流产为特征的传染病，故又称传染性流产。该病易传染给人，应注意消毒防护工作。

病原及流行：羊型布鲁氏菌，主要危害羊。凡接触病羊流产的胎儿，排泄物、乳汁以及其他污染物均能传染，一般消化道和生殖感染较常见，也可从伤口感染。

症状：患羊常发生关节炎、睾丸炎、子宫炎，多在怀孕3～4个月后流产，第一次妊娠母羊发生流产较多，经产母羊流产较少，但流产不是必然症状。很多凝集反应和变态反应阳性的羊并不发生流产。

图8-14　绵羊阴囊水肿、下垂

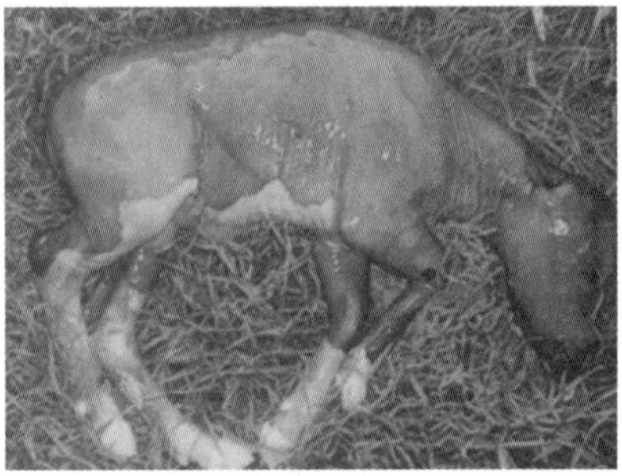

图8-15　胎儿水肿（7月龄）

诊断：根据流行病学及流产特征可提供线索。要想确诊必须进行细菌学和血清学诊断。

防治：由于药物治疗效果差，且目前尚无理想的疫苗，故一般发现就采取淘汰处理。对贵重羊可试用四环素、链霉素、土霉素类进行早期治疗，但效果不理想。对引进羊只要进行检疫，隔离观察无病时才能合群。淘汰病羊，将母羊和羔羊分群饲养，逐渐淘汰，培养健康羊群。做好消毒工作，消灭病源。特别是产房消毒，注意人的保护，特别是接羔时，应特别注意，做好消毒，若有伤口不应做接羔工作。

六、山羊传染性胸膜炎

本病是山羊特有的接触性传染病，由支原体引起，临床以肺炎和纤维素性渗出性炎症为主要特征。

病原：丝状支原体山羊亚种。

图8-16　胸腔积液、粘连，严重纤维素性渗出

图8-17　肺脏实变，“橡皮肺”

症状：急性病例，多见新疫区。症初体温升高达41～42℃，羊精神食饮变化不大；2～3天后病情加重，精神不好，呆立落群，眼无神，厌食，毛粗乱，身体颤抖，呼吸加快，咳嗽，流清鼻涕，眼睑浮肿，流泪。后期衰弱，卧地，张口呼吸，窒息而死亡。慢性病例多为老疫区。病程长达数月，以慢性咳嗽、流涕、腹泻、消瘦为特征。

剖检：肺、胸膜炎症及纤维素性渗出，肺和胸膜常粘连。

诊断：根据特征症状及剖检不难做出诊断，要确诊还必须借助实验室检测病原。

防治：①防止引种带来传染源。疫区定期注射山羊传染性胸膜炎疫苗，做好消毒工作。②发现病羊立即隔离，封锁，消毒。做好健康羊只的紧急预防接种。③病羊治疗护理可采用下列药物：磺胺噻唑按每公斤体重0.01～0.015克配成4%水溶液皮下注射，每天1次，连用4～5天；肌肉注射土霉素、四环素、泰乐菌素，每日1次，一般用4～5天。

七、羔羊痢疾

羔羊痢疾又称作羔羊梭菌性痢疾，是由B型魏氏梭菌感染初生羔羊所致的一种急性毒血症。以剧烈腹泻和小肠发生溃疡为特征。以7日龄内羔羊发病为主，常引起羔羊大批死亡。

（一）诊断要点

1.临床症状。病初精神不振，腹痛弓背，不吮奶。后拉稀，粪便恶臭，从呈粥状到呈水样，混有气泡、黏液和血，严重者脱水，不能站立，最后死亡。有的瘫痪卧地、口吐白沫、头向后仰，在数小时或数日内死亡。

2.病理变化。消化道黏膜水肿、出血，空肠、回肠黏膜有溃疡灶，周围有出血圈，肠系膜淋巴结充血、出血、肿大。

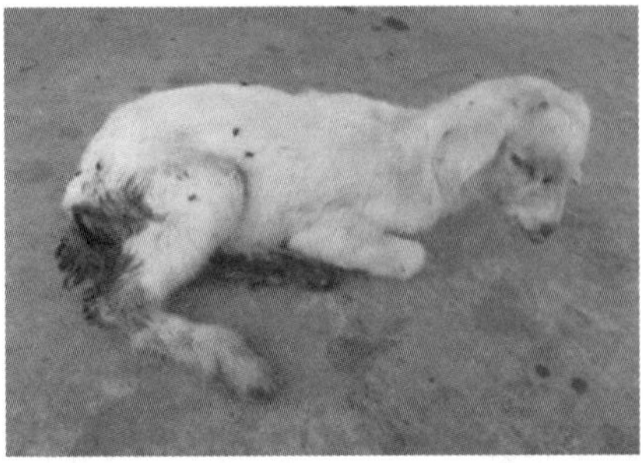

图8-18　卧地不起、腹泻、口吐白沫

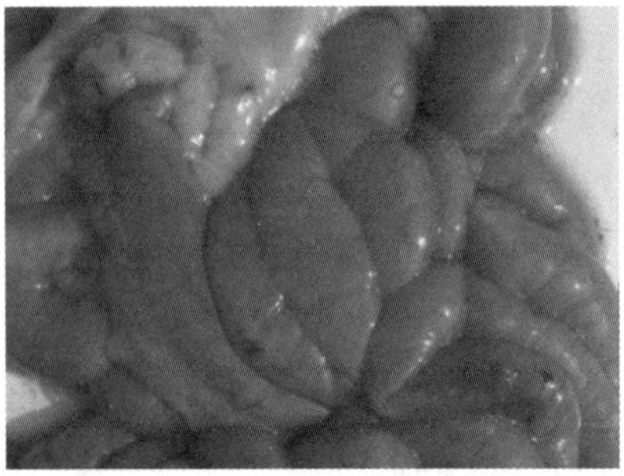

图8-19　肠道和肠系膜淋巴结充血、出血、肿大

心内膜出血，心包积液。依据羊场7日龄内的羔羊发生下痢并死亡，在羊群中传播快，肠道严重出血甚至溃疡，粪便带有血和气泡，经涂片、染色，镜检发现大量魏氏梭菌时，可初步诊断。确诊要进行实验室细菌学及毒素检查，细菌学检查可与沙门菌、大肠杆菌和肠球菌等引起的下痢鉴别。

（二）防治措施

1.预防。注意补饲怀孕和哺乳母羊，在产前、产后对圈舍、墙壁及用具用20%漂白粉或5%氢氧化钠溶液等喷洒消毒。定期接种羔羊痢疾疫苗或羊三联四防苗，怀孕母羊需在产前2～3周再接种1次。在羔羊出生后12小时内口服土霉素0.15～0.2克，每天1次，连服3天有预防作用。

2.治疗。轻者土霉素0.2～0.3克，加等量胃蛋白酶，加水混合灌服，每天2次，连用3～5天。严重者磺胺脒0.5克、鞣酸蛋白2克、碱式硝酸铋2克、活性炭2克、碳酸氢钠2克，加水混合灌服，每天2次。体弱者可静脉注射5%葡萄糖300~500毫升或每天口服100毫升酸奶。

八、羔羊软瘫综合征

羔羊软瘫综合征是指羔羊以发生瘫软、腹胀，个别发生便秘或腹泻为主要症状的疾病。出生1周内的舍饲羔羊多发生。发病羊场多存在怀孕母羊缺乏维生素A、维生素D、碘、铜、硒等微量元素，能量蛋白质、钙磷比例失调，光照、运动不足，杂交羔羊营养相对不足等问题。

（一）诊断要点

1.临床症状。突然发病，心跳先快后慢，体温先正常后下降，耳、鼻冰凉，可视黏膜发白，尖叫。反应迟钝，步态不稳，行走、站立困难，腹胀，难以吮乳或不吮乳。严重时表现空嚼，眼球、肌肉挛缩，四肢游泳状，角弓反张。粪便色淡黄或灰白，干结或稀软。经3～5天后体温下降至36℃以下，最后死亡。急性发病羔羊经及时治疗多能耐过并完全康复，慢性发病羔羊死亡较多。

2.病理变化。可视黏膜苍白，有脱水病变。心脏肿大、扩张，肺脏实变，肾脏稍肿大。早期胃内有凝乳块，酸臭，中期胃液混浊，胃黏膜脱落，胃壁变薄，有条形出血，后期胃内容物水样或无。小肠黏膜出血，结肠及直肠内混有黄色或灰白色黏液。肋骨软可弯曲，有些在肋软骨交界处可见球形结节。直肠、结肠或小肠内容物涂片染色，镜检可见大肠杆菌和魏氏梭菌。血液生化检查指标中或有低血糖，高血钾、骨钙含量明显降低，但血钙正常。

（二）防治措施

1.预防。给母羊饲喂全价饲料并定期驱虫，冬季加强运动和日照，羔羊要补乳，每天定时人工喂乳80～100毫升。

2.治疗。

轻症：口服葡萄糖和葡萄糖酸钙各10克，配合口服庆大霉素片剂3～5毫克或肌肉注射庆大霉素注射液每千克体重2～4毫克；或口服葡萄糖、葡萄糖酸钙各20克，肌肉注射氨苄西林钠每千克体重10毫克，每天2次，连用2～3天。

重症：糖盐水50～100毫升，安钠咖2～4毫升，25%维生素C10毫升，50%葡萄糖20毫升，氨苄西林钠每千克体重10毫克，混合，每天1次静脉注射。可配合中药羔羊软瘫灵口服液（拳参、穿心莲、炒半夏、连翘、金银花、甘草），每只羔羊5毫升，每天1～2次，或配合止泻药。出现肌肉痉挛症状者，配合肌肉注射苯巴比妥1毫升，每天1次。

任务五　羊的病毒性传染病

一、口蹄疫

口蹄疫是由口蹄疫病毒引起的高度接触性传染病，多种偶蹄动物都可感染，人也可感染，患畜口腔黏膜及蹄部皮肤发生水泡是本病特征。

病原及流行特征：口蹄疫病毒有多个主型和亚型，传播快，常呈地方性流行或大流行。

症状：绵羊以蹄叉发生水泡较为多见，水泡破后化脓、跛行。山羊症状较严重，蹄部水泡是主要的，舌尖、下唇、口角、乳头可见到水泡，体温升高、精神沉郁、乳量减少。一般为良性经过，但孕羊易流产，吃乳羊常因发生出血性胃肠炎及心肌炎而死亡。

诊断：根据流行病学特点，临床症状可以初步诊断，病原分型到兰州兽研所鉴别。

防治：①在可能发生口蹄的地区，每年夏秋季给羊注射同型号的口蹄疫疫苗。②一旦发生疫情，以“早、快、严、小”为原则，采取综合性防疫措施，防止蔓延。③隔离病羊，封锁疫区，在病羊污染的地方用1%～2%烧碱或甲醛溶液严格消毒。

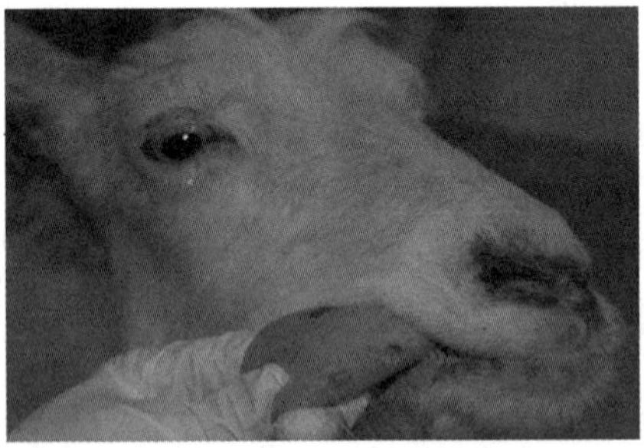

图8-20 舌面等部位出现蚕豆或核桃大小的水疱 王雯慧

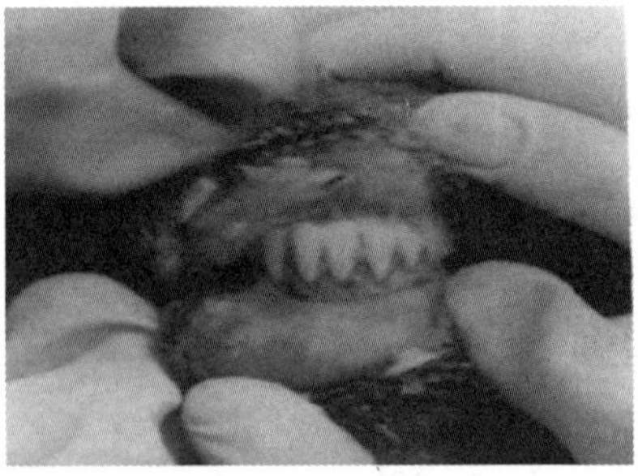

图8-21 口黏膜发生水疱和溃烂 田增义

治疗和护理：人工喂养，多饮水。口腔烂斑可用冰硼散，冰片100克，硼砂250克共研为末，或碘甘油涂擦。蹄部、乳房可用消毒药水洗净，然后涂上碘甘油或龙胆紫。

二、羊痘

羊痘是一种急性、热性、传染性疾病。除在无毛或少毛的皮肤上发生典型的痘外，有时还发生在黏膜上。

病原及流行特征：羊痘病毒引起，传染快发病率高，一般接触性传染。对细毛羊、羔羊最易感染，疫情最严重。绵羊和山羊互不感染。

症状：绵羊早期精神萎靡不振，体温升高到41～42℃，呼吸加快，偶有咳嗽，间有寒战，眼睑肿胀，流鼻涕。经1～2日后，在无毛部位的皮肤上发生绿豆大的红色斑疹、丘疹，眼、唇、鼻、外生殖器、乳房、腿内侧、腹部无毛区、短毛区，发生较多。2～3天逐渐形成水泡，数日后结成深色痂皮，脱落后留下红斑，一旦水泡受细菌感染则转为脓疮，体温再次回升，以后难结痂脱落。山羊症状与绵羊痘基本相同，稍缓和，以羔羊、奶羊死亡率较高。

诊断：根据症状与流行病学特点可初步诊断。

防治：无特效药，预防为主，综合防治。①加强管理，增强抵抗力；防止传染源，不到疫区引种羊；新引进羊应隔离3周以上无病才能混群饲养。常发病地区定期注射羊痘弱毒疫苗。发现病羊做好隔离、扑杀、消毒工作。②对病羊应用抗生素药物，防止继发感染，丘疹、水泡可涂碘酊或龙胆紫。

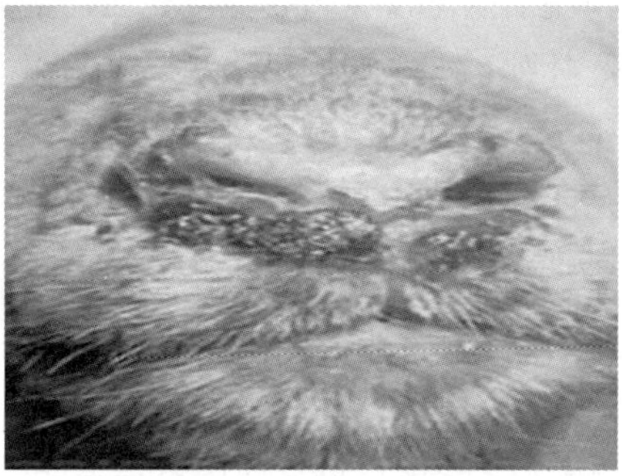

图8-22　鼻、口部结痂

图8-23　皮肤严重痘疹

三、小反刍兽疫

小反刍兽疫是小反刍兽的一种以发热、眼鼻分泌物、口炎、腹泻和肺炎为特征的急性病毒病。我国将其列为一类动物疫病。小反刍兽疫病毒感染绵羊和山羊可引起临床症状，而感染牛则不产生临床症状。该病在密切接触的动物之间可通过空气传播。

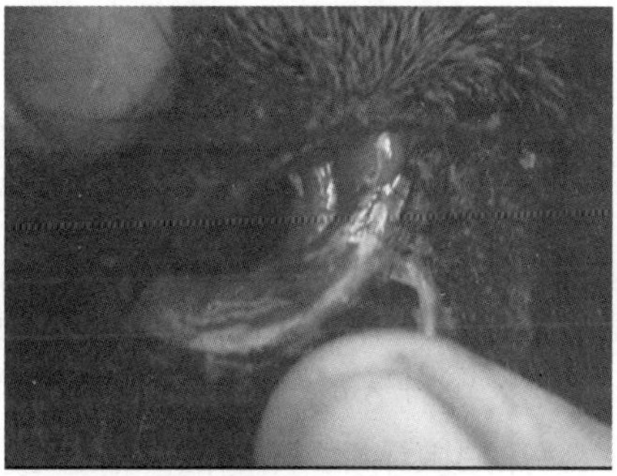

图8-24　眼流分泌物遮住眼睑，出现眼结膜炎　王雯慧

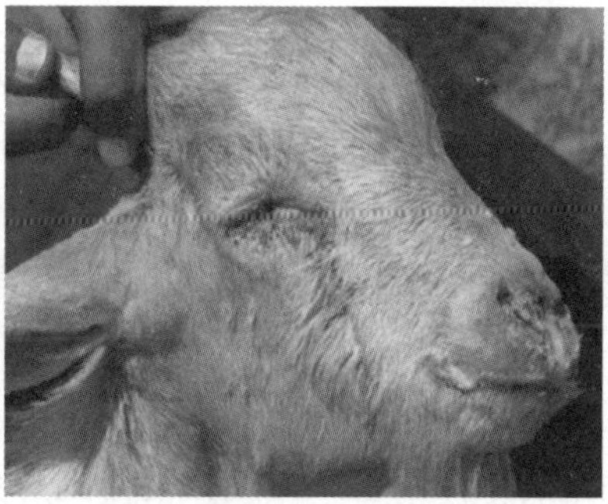

图8-25　鼻液水样，随后变浓稠堵塞鼻孔　王雯慧

流行病学：主要感染山羊、绵羊、羚羊、鹿等小反刍动物，山羊发病比较严重。牛、猪等可以感染，但通常为亚临床经过。本病主要通过直接或间接接触传染、呼吸道飞沫传染。本病的传染源主要为患病动物和隐性感染动物，处于亚临床型的病羊尤为危险。病畜的分泌物和排泄物均含有病毒。本病一年四季均可发生，潜伏期一般为4～6天，也可达到10天，《国际动物卫生法典》规定潜伏期为21天。

临床症状：山羊临床症状比较典型，绵羊症状一般较轻微。主要表现为突然发热，持续3天左右，体温可达40℃～43℃，在发热后期死亡集中。病初流水样鼻液，此后变成黏脓性卡他样鼻液，造成呼吸困难，鼻内膜发生坏死。眼结膜炎，流分泌物遮住眼睑。发热症状出现后病羊口腔内膜轻度充血，继而出现糜烂。初期多在下齿龈周围出现小面积坏死，严重病例迅速扩展到齿垫、硬腭、颊和颊乳头以及舌，坏死组织脱落形成不规则的浅糜烂斑。部分病羊口腔病变较轻，并可在48小时内愈合，这类病羊可很快康复。多数病羊发生严重腹泻或下痢，造成迅速脱水和体重下降，卧地不起。怀孕母羊可发生流产。易感羊群发病率通常达60%以上，病死率可达50%以上。特急性病例发热后突然死亡，无其他症状。

诊断：根据临床症状和病理变化可做出初步诊断，确诊需做实验室诊断。

预防：①严禁从病疫区引进易感动物。在发生本病的地区，可根据小反刍兽疫病毒与牛瘟病毒抗原相关原理，用牛瘟组织培养苗进行免疫接种。②接种小反刍兽疫疫苗进行预防。用生理盐水稀释后注射。

处理：一旦发生本病，应按《中华人民共和国动物防疫法》规定，采取紧急、强制性的控制和扑灭措施，扑杀病羊和同群羊。疫区及受威胁区的羊只进行紧急预防接种。

四、羔羊痢疾

羔羊痢疾是由B型产气荚膜梭菌引起的初生羔羊的一种急性毒血症。其特征是剧烈腹泻、小肠发生溃疡、迅速而大批死亡，是影响羔羊成活率的重要疾病之一。B型产气荚膜梭菌在动物体内可形成荚膜和产生芽孢，也可产生各种肠毒素，具有致肠黏膜出血性坏死和致死作用，能导致全身性毒血症。

本病主要侵害7日龄以内的羔羊，其中以2～3日龄发病最多，7日龄以上的羊很少发病。本病主要传染源是病羔羊，其次为带菌母羊。病羔羊的肠道中常有大量病原体繁殖，并随粪便排到外界，污染周围环境。本病的传染途径主要是经口感染，羔羊通过吃奶或与病羔接触，或舔食被病菌污染的物品，或通过接触带菌饲养员的手而感染，也可通过脐带或创伤感染。促使羔羊发病的诱发因素主要有母羊怀孕期营养不良、初产羊羔体质瘦弱，气候寒冷（特别是大风雪后）、羔羊受冻，哺乳不当等。一般是产羔初期散发，产羔盛期大批发生和死亡。

（一）临床症状

1.急性型。羔羊突然死亡，前日晚上还似健康，次日早晨发现已死于羊舍。若有机会观察病羔，可发现羔羊无精神，对周围事物没反应，不吃奶，低头弓背，腹胀而不下痢，或只排出少量稀粪，粪便先似正常，以后变棕灰色、半液体状，有时混杂有血液、恶臭。病羔黏膜发绀、脱水。其主要表现是神经症状，四肢瘫软，卧地不起，呼吸急促，口流白沫，头向后弯，最后昏迷，体温降至常温以下，若不及时救治，不久即死亡。病程很短，仅数小时至十几小时。

2.亚急性型。此型最为常见。病程可达1～2天。病羔表现精神委顿，垂头弓背，不愿吃奶，不久开始腹泻，粪便恶臭，有的稠如面糊，有的稀薄如水，呈黄白色；后期便内带有黏液，颜色呈黄绿色、灰黄色，含有血液，直至成为血便。肛门及尾根常沾满粪便，眼下陷，喜卧，弓背，似有腹痛感觉。病羔逐渐虚弱，卧地不起。若不及时治疗，常在1～2天内死亡。只有少数病轻的可能自愈。

（二）防治

羔羊痢疾的防治原则是消毒与预防并重，母羊与羔羊同防，免疫接种与药物预防并用。

（三）预防措施

1.加强母羊饲养管理。对怀孕羊要做好产前抓膘保胎工作，在怀孕后期补给优质饲草、青干草、胡萝卜及矿物质等。

2.做好产前准备。产羔房要保暖、干燥、清洁、卫生。剪去母羊阴门附近污毛，用消毒液消毒乳房及后躯。

3.加强初生羔羊的护理。新生羔羊脐带用碘酒消毒，同母羊一起养于单独的圈栏内，合理哺乳，适当保温，防止受凉。

4.预防接种。妊娠母羊在产前2～3周再免疫接种1次三联四防疫苗。

5.药物预防。羔羊出生后12小时内灌服土霉素120～150毫克，每天1次，连用5天。

（四）治疗措施

发病后要将病羔隔离，加强护理，及时使用如下药物进行治疗。注意，在使用以下药物治疗的同时，可适当采取强心、补液、补充维生素、缓解酸中毒等措施对症治疗。

1.药物治疗应争取在病的早期且必须与护理相结合，加强对病羔的饲养管理，特别是保温和哺乳。

2.发病初期用轻泻剂，以清除肠内容物。先灌服含0.5%福尔马林的6%硫酸镁30～60毫升，经6～8小时后，再灌服1%高锰酸钾溶液10～20毫升。第二天上下午再各投服1%高锰酸钾溶液1次，多数病例可治愈。个别病例则继续投服1%高锰酸钾溶液至治愈为止。

3.土霉素0.2～0.3克，胃蛋白酶0.2～0.3毫克，溶于温水灌服，每天2次。

4.磺胺脒0.5克，鞣酸蛋白0.2克，碱式硝酸铋0.2克，碳酸氢钠0.2克，水调灌服，每天3次。

5.加减乌梅汤。乌梅（去核）、炒黄连、黄芩、郁金、炙甘草、猪苓各10克，诃子肉、焦山渣、神曲各12克，泽泻8克，干柿饼（切细）1个，将上药研碎，加水400毫升，煎汤浓缩至150毫升，去渣，加红糖50克为引，每只羔羊内服30毫升。若腹泻不止，可再服1～2次，或服加味白头翁汤。

五、传染性结膜角膜炎

传染性结膜角膜炎又叫“红眼病”，是羊常见的一种急性传染病。以春秋发病较多，但季节性不强。圈舍狭小、羊群密度大、空气污浊是本病主要的诱因。

症状：病羊最初眼睛怕光流泪，眼内角流出浆液或黏液性分泌物，不久则变成脓性，随着病情的发展，呈云翳状。

预防：保持圈舍通风透气，清洁卫生，无明显的氨气味，面积要适中，严禁羊群密度过大。发病后，如果能及时治疗并改变空气污浊的环境条件，一般呈良性经过。

治疗：病初，可用青霉素粉点眼，每天2次。连用2～3天；角膜浑浊时，可用自血疗法，即用注射用水稀释青霉素1支，然后采该病羊血5毫升，混匀后分点注射于眼睑皮下或直接注射于眼底。间隔2～3天，再注射1～2次。

图8-26　眼结膜潮红，有黏脓性分泌物

六、破伤风

破伤风又称“锁口风”“强直症”，是由破伤风梭菌引起的一种急性、创伤性、人畜共患的中毒性传染病。其特征是患羊骨骼肌持续性痉挛和对外界刺激反射兴奋性增高。

（一）病原

病原为破伤风梭菌，又称强直梭菌。为细长杆菌，多单个存在，能形成芽孢，位于菌体的一端，似鼓槌状，周身鞭毛，能运动，无荚膜。幼龄培养物革兰氏染色阳性，培养48小时后常呈阴性反应。

破伤风梭菌繁殖体的抵抗力与一般非芽孢菌相似，但芽孢抵抗力甚强，耐热，在土壤中可存活几十年。10%碘酊、10%漂白粉或30%过氧化氢（双氧水）能很快将其杀死。本菌对青霉素敏感，磺胺药次之，链霉素无效。

（二）流行特点

本病的病原在自然界中广泛存在，羊经创伤感染破伤风梭菌后，如果创口内具备缺氧条件，病原在创口内生长繁殖产生毒素，作用于中枢神经系统而发病。常见于外伤、阉割和脐部感染。在临床上有不少病例往往找不出创伤，这种情况可能是在破伤风潜伏期中创伤已经愈合，也可能是经胃肠黏膜的损伤而感染。本病以散发形式出现。

（三）临床症状

病初症状不明显，只表现起卧困难，精神呆滞。随着病情的发展，四肢逐渐强直，运步困难，头颈伸直，角弓反张，肋骨突出，牙关紧闭、流涎，尾直，常有轻度腹胀，先腹泻后便秘。体温一般正常，仅在临死前上升至42℃以上，死亡率很高。

（四）诊断

1.现场诊断。根据病羊的创伤史和典型的全身强直症状不难确诊。

2.实验室诊断。可从创伤感染部位取样，进行细菌分离和鉴定，结合动物试验进行诊断。

（五）防治

1.预防。在发生外伤、阉割或处理羔羊脐带时，应及时用2%～5%的碘酊严格消毒。

2.治疗。将病羊置于僻静、较暗的圈舍内，避免惊动，给予易消化的饲料和充足的饮水。对伤口要及时扩创，彻底清除伤口内的坏死组织，同时用3%过氧化氢、1%高锰酸钾或5%～10%碘酊进行消毒处理。病初可先静脉注射4%乌洛托品5～10毫升，再用破伤风抗毒素5万～10万单位静注或肌注，以中和毒素。为缓解肌肉痉挛，可使用25%硫酸镁注射液10～20毫升肌注，并配合5%碳酸氢钠100毫升静注。当牙关紧闭、开口困难时，可用2%普鲁卡因5毫升和0.1%肾上腺素0.1～1毫升混合注入两侧咬肌。如不能采食，可进行补液、补糖。当发生便秘时，可用温水灌肠或投服盐类泻剂。配合中药治疗能缓解症状，缩短病程，可应用“防风散”（防风8克、天麻5克、羌活8克、天南星7克、炒僵蚕7克、清半夏4克、川芎4克、炒蝉蜕7克）水煎2次，将药液混在一起，待温加黄酒50克胃管投服，连服3剂，隔天1次。上述方剂可适当加减，伤在四肢者加独活5克；瞬膜外露严重者重用防风、蝉蜕；流涎量多者重用僵蚕、半夏；牙关紧闭者加蜈蚣1～2条、乌蛇3～6克、细辛1～2克。

任务六　常见寄生虫病

羊的寄生虫病种类繁多，传播广泛，侵害羊只机体各部分，吸收羊体营养，分泌毒素，损害机体器官造成羊只贫血、消瘦、水肿，影响生长发育和繁殖，给养羊业造成巨大危害。

寄生虫病防治必须实行预防、治疗、消灭病原三位一体综合性措施，才能控制和消灭寄生虫病。下面重点介绍几种危害较大的寄生虫病。

一、羊鼻蝇蛆病

病原体是羊鼻蝇的幼虫，俗称着鼻蝇蛆，棕黄色或棕褐色。它的成虫是羊鼻蝇，虫体灰黑色、全身密生细小茸毛，体长10～12毫米，头呈半圆形，没有嘴，有一对透明翅膀，比家蝇稍大，很像蜜蜂。

发育史和流行特征：本病主要侵害绵羊，山羊次之，成虫主要出现在夏季，在有日光的白天，它在羊群中飞翔更加活跃，雌蝇飞进羊鼻孔内，产下幼虫，即迅速飞出，幼虫爬入鼻腔和相邻各腔窦，逐渐长大，变成淡黄色，次年春末爬出，或羊打喷嚏喷出，落入地下变成蛹，再羽化成成虫。

症状：鼻孔流出大量的浆液和脓液，有时带血，鼻孔周围形成硬结影响呼吸，患羊不断摇头，常打喷嚏，有时随鼻液流出棕黄色的蝇蛆，患羊鼻腔发痒。常在栏棚、墙壁和地面擦鼻，或用肢搔抓鼻端，尤以早晨最为常见。

诊断：根据临床症状，流行病学或随着鼻液流出的幼虫可确诊。

防治：①在成蝇侵袭季节，对较贵重的羊只涂抹防蝇软膏，如1.5%的精制敌百虫软膏。②敌百虫片。按每公斤体重0.1克，加适量温水溶解后灌服。

图8-27　不同发育阶段狂蝇蛆的形态

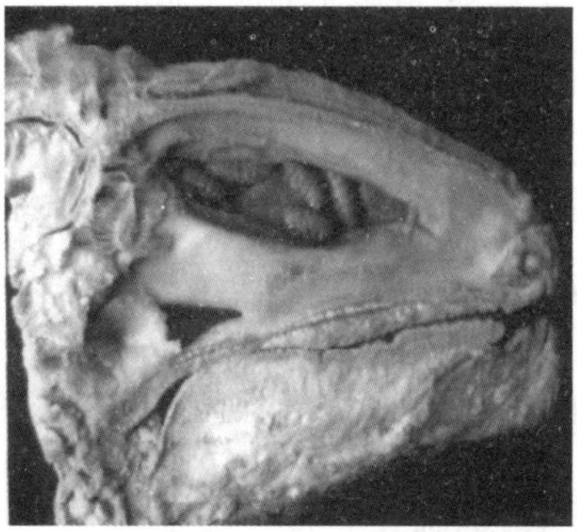

图8-28　羊鼻腔纵切面，鼻腔中有不少狂蝇蛆寄生，鼻黏膜潮红，有小溃疡，被覆黏液

二、羊肺线虫病

羊网尾线虫在肺部寄生引起。主要危害羔羊，使生长发育受阻，产品质量降低，病羊死亡，可导致严重损失。

病原：羊网尾线虫，乳白色丝线状，雄虫长30毫米，雌虫长35～45毫米，卵呈椭圆形，内有已发育的幼虫。

生活史：雌虫在支气管内产卵，随痰到口腔，再咽到胃肠道孵出幼虫，随粪便排出体外。在适宜环境下，经5～7天变成侵袭幼虫，被羊吞食到肠内后，经淋巴和血液进入肺内寄生。在羊体内发育大约需要29～57天。成年羊比羔羊感染率高。

症状：咳嗽，重者咳嗽频繁。鼻孔、眼睛内有分泌物，病势加剧，呼吸音粗并有啰音，食欲减退，逐渐消瘦，被毛粗乱，精神沉郁，放牧时喜卧，一般体温没变化，并发感染时升至40～42℃，颌下、胸下、四肢下端水肿。

防治：①每年定期驱虫2次，药物以左旋咪唑、阿苯达唑最佳。②病羊治疗性驱虫。左旋咪唑一次每公斤体重灌服8毫克，阿苯达唑5～15毫克。

三、肝片吸虫病

本病是由肝片形吸虫寄生在羊和牛肝脏、胆管和胆囊内引起的，其他家畜和人也可感染，流行很广。虫体外观呈叶片状，灰褐色，虫体长30～50毫米，大小差异很大。

发育史和流行特征：雌虫在患畜胆管内产卵，随胆汁进入肠道排出体外，经15天左右孵化成毛蚴。毛蚴在低洼的湿地、稻田、水沟内游动，再钻入椎实螺体内，大约需要50～80天发育尾蚴，然后钻出螺体，吸附在水草上，后脱去尾部，形成囊蚴。羊吃草被感染，在羊肠道内囊蚴自包囊内逸出，直接穿肠进入腹腔，钻入肝实质而进入胆管，或经门静脉而进入肝脏，寄生在肝管内。

症状：病初食欲差，行动迟钝，易疲倦，呆立不动，逐渐消瘦，黏膜苍白，拉稀，腹痛，下颌、胸部、腹下水肿。逐渐衰弱，严重的病例肝脏受到严重创伤，大量血液入腹腔，形成腹血症而死亡，死后尸僵不全，血凝不良。

治疗：①四氯化碳与液体石蜡等量混合，充分摇匀后，肌肉注射，成年羊3～4毫升；小羊和育成羊1～2毫升。②硫氯酚，内服剂量每公斤体重0.1～0.15克，此药用淀粉做成悬浮液灌服。

四、螨病

羊螨病是由疥螨和痒螨寄生在体表面引起的慢性寄生性皮肤病，螨病又叫疥癣、疥虫病疥疮等，具有高度传染性，往往在短期内可引起羊群严重感染，危害十分严重。

病原：疥螨、痒螨。

疥螨：寄生于皮肤角质层下，并不断挖掘隧道，虫体在隧道内不断发育和繁殖，其成虫虫体小，长0.2～0.5毫米，肉眼不易看见。

痒螨：寄生在皮肤表面，虫体呈长圆形，较大，长0.5～0.9毫米，肉眼可见。

临床症状：该病初发时，引起剧痒，可见羊不断在围墙、栏柱等处摩擦；在阴雨天气夜间、通风不好的舍内及随着病情的加重，痒觉表现更为剧烈，继而皮肤出现丘疹、结节、水疮甚至脓疮，以后形成痂皮和龟裂。特别是绵羊患疥螨病时，因病变主要局限于头部，病变又有如干涸的石灰，故有“石灰头”之称。绵羊感染羊螨后，可见患部有大片被毛脱落，患羊因终日啃咬和摩擦患部，烦躁不安，影响正常的采食和休息，日渐消瘦，最终可极度衰竭而死亡。

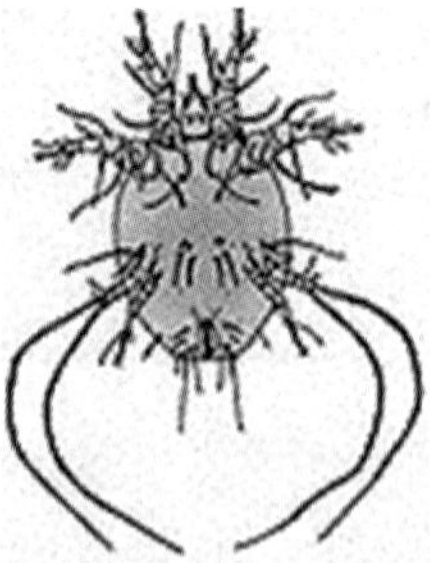

图8-29　羊痒螨雌虫

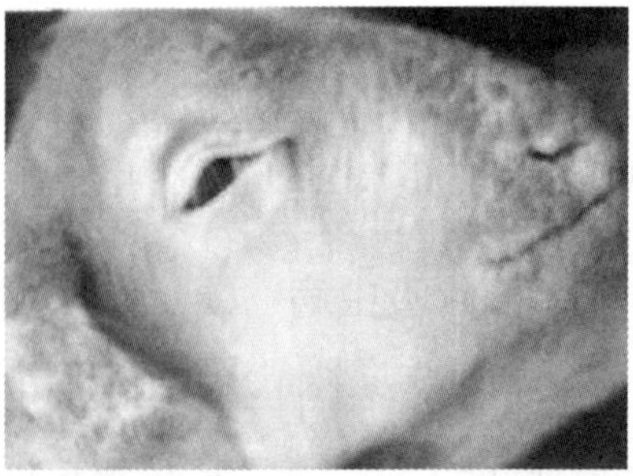

图8-30　绵羊唇、鼻与耳部的疥螨病病变

诊断要点：该病主要发生于冬季和秋末春初。疥螨病一般始发于羊皮肤柔软且短毛的部位，如唬唇、口角、鼻面、眼圈及耳根部，以后皮肤炎症逐渐向周围蔓延；痒螨病则起始于被毛稠密和温度、湿度比较恒定的皮肤部分，如绵羊多发生于背部、臀部及尾根部，以后才蔓延。

与湿疹的区别：湿疹痒觉不剧烈，且不受环境和湿度影响，无传染性，皮屑内无虫体。

与秃毛癣的区别：秃毛癣患部呈圆形或椭圆形，界限明显，其上覆盖的浅黄色干痂易于剥落，痒觉不明显，镜检经10%氢氧化钾处理的毛根或皮屑，可发现癣菌的芽孢或菌丝。

与虱和毛虱的区别：虱和毛虱所致的症状有时与螨病相似，但皮肤炎症、落屑及形成痂皮程度较轻，容易发现虱及虱卵，病料中亦找不到螨。

治疗措施：分为涂药疗法和药浴两类。

涂药疗法：适合于病畜数量少，患部面积小，并可在任何季节使用，但每次涂擦面积不得超过体表的1/3，涂药可用以下药物：①克辽宁擦剂。克辽宁1份、软肥皂1份，酒精8份、调和即成。②5%敌百虫溶液。来苏儿5份，溶于温水100份中，再加入5份敌百虫即成。

药浴疗法：该法适用于病畜数量多且气候温暖的季节，疾病预防也常用该法。药浴液可选用0.025%～0.03%林丹乳油水溶液、0.05%蝇毒磷乳剂水溶液、0.5%～1%敌百虫水溶液、0.05%辛硫磷乳油水溶液。

预防：每年定期对羊进行药浴，可取得预防与治疗的双重效果；加强检疫工作，对新调入的羊应隔离检查后再混群；对可疑患畜隔离饲养；患畜应及时治疗，治疗期间，应注意对饲管人员加强消毒，经常保持圈舍和用具清洁和消毒。

五、脑多头蚴病

脑多头蚴病是由多头绦虫的幼虫——脑多头蚴（脑包虫）引起的羊的一种寄生虫病。

病原：多头蚴寄生于绵羊、山羊和其他反刍动物的脑内，尤其是2岁以下的绵羊极易感染，引起发病甚至死亡；其成虫为多头绦虫，寄生于犬和其他肉食动物的小肠。

流行特点：本病分布广泛，在我国内蒙古、新疆、青海、宁夏及甘肃的牧区经常发生，其他省、区也有发现。

症状：病羊常呈明显的转圈运动或向前直冲，共济失调，步态蹒跚，视力减退甚至失明，有时病羊离群落后，躺卧不起。如多头蚴寄生于大脑半球，病羊常向有虫体的一侧旋转；寄生于小脑时，常失去平衡，步态蹒跚；寄生于脊髓时，则易引起后肢麻痹，可出现犬坐姿势等。

病理变化：多头蚴多位于大脑的额叶或侧脑室内，在脑的其他部位和脊髓则较少见。多头蚴包囊可位于脑的表层或脑组织中，呈球形或椭圆形，从黄豆大至乒乓球大或更大，囊膜色灰白，内含无色液体，囊膜内侧面有许多白色颗粒——多头蚴头节群。周围脑实质因受压而形成腔体，多头蚴的囊泡即位于此腔内。如囊泡位于脑表面，因其压迫常使颅骨变薄、变软，用手轻压局部，可使微微下陷。

图8-31　脑多头蚴病羊的转圈运动

孔繁瑶

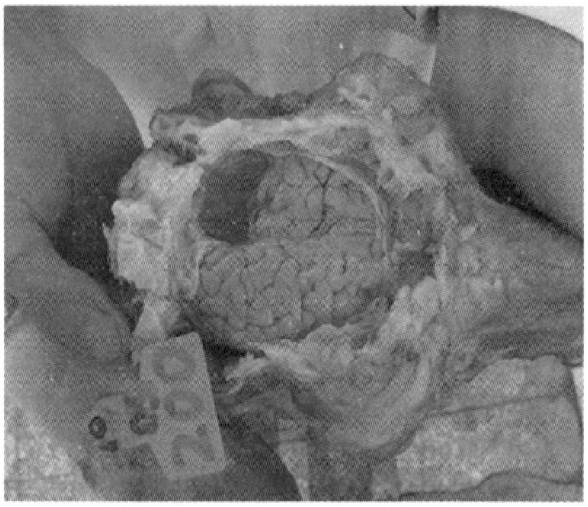

图8-32　脑多头蚴病羊脑部占位性病变

六、棘球蚴病

棘球蚴病是由细粒棘球绦虫的幼虫——棘球蚴引起的羊的一种寄生虫病，多种家畜和人也可感染发病。

病原：棘球蚴主要寄生于绵羊、山羊的肝脏和肺脏，此外，脾脏、脑、肾脏、心脏等脏器也可寄生。其成虫为细粒棘球绦虫，寄生于犬和其他肉食动物的小肠。

流行特点：本病在我国西北、西南等地区广为流行，对养羊业危害极大。

症状：绵羊对本病很敏感，死亡率也较高。病初症状不明显，后期或严重感染时，羊只消瘦、无力，被毛粗乱、易脱落。肺部感染时，有明显的咳嗽。如棘球蚴破裂，则全身症状迅速恶化，病羊极为虚弱，最终因窒息而死亡。

病理变化：羔羊轻度感染时，囊泡常见于肝脏，而成年绵羊则同时见于肝和肺。单个囊泡大多位于器官的浅表，突出于器官的浆膜。有时器官内有许多大小不等的囊泡，直径一般为5～10厘米，小的仅黄豆大，大的可达50厘米，囊泡间仅残留少量实质。棘球蚴的囊泡为灰白色或浅黄色，呈球形、椭圆形或不正形，其中含有透明的囊液。有时棘球蚴死亡，液体被吸收，剩余浓稠的内容物。因此，囊泡可萎陷、皱缩，甚至继发感染或发生钙化。囊壁内层表面附有白色头节，外层由肉芽组织形成的包囊所包围。

诊断：生前诊断比较困难，虽可适用变态反应，但尚未广泛采用。尸体剖检可对本病做出确诊。

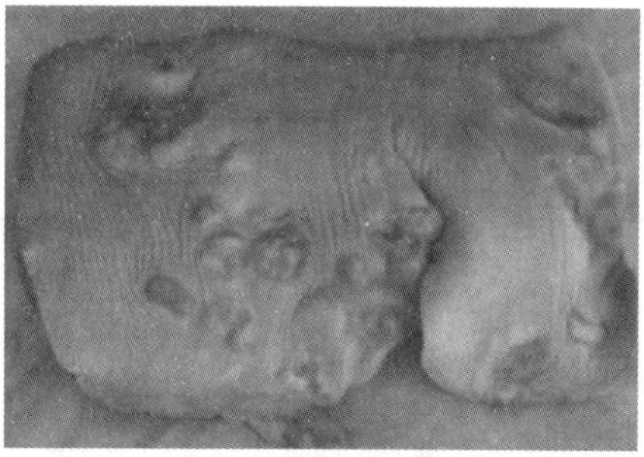

图8-33 肝表面有许多突出的棘球蚴囊泡 贾宁

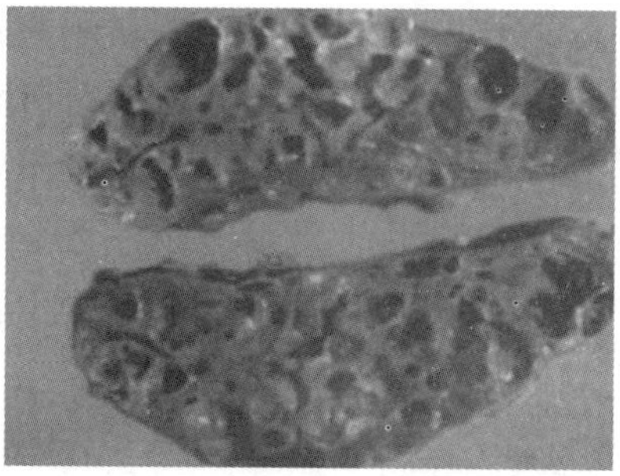

图8-34 肝内有许多大小不等的泡状棘球蚴寄生，肝组织明显萎缩 贾宁

七、细颈囊尾蚴病

细颈囊尾蚴病是由泡状带绦虫的幼虫——细颈囊尾蚴（俗称“水铃铛”）所引起的猪、羊和黄牛等多种动物的一种寄生虫病。

病原：细颈囊尾蚴呈囊泡状，大小不一，自豌豆大至鸡蛋大或更大，内含透明液体，囊壁附有1个乳白色且具有细长颈部的头节。其成虫泡状带绦虫寄生于犬、狼、狐狸等肉食兽的小肠。

流行特点：本病广泛分布于世界各地，凡养狗的地方都有此病发生。在我国，此病以猪最为普遍，绵羊则以牧区感染较多，主要侵害绵羊（2～12月龄的绵羊感染率最高），感染率可达25%，但死亡率不高。

症状：成年羊除个别感染特别严重的呈现消瘦、虚弱、黄疸症状外，一般均无明显的症状。而羔羊常常有较明显的临床症状（如虚弱、消瘦、黄疸）。有的病羔发生急性腹膜炎时，体温升高并有腹水，约2周后可转变成慢性病程。

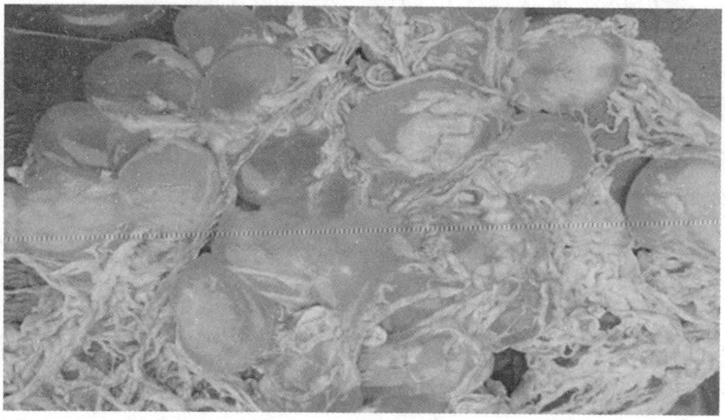

图8-35 大网膜、肠系膜上有大量的透明囊泡

病理变化：病变主要在肝脏和腹腔浆膜上。急性病例，肝脏肿大，质地稍软，被膜粗糙，被覆多量灰白色纤维素性渗出物，并可见散在的出血点。在肝被膜下和肝实质里，可见直径1～2毫米的弯曲索状病灶，初呈暗红色，后期转为黄褐色。在网膜、肠系膜和胃肠浆膜等腹腔浆膜上可见带蒂的成熟囊尾蚴囊泡。严重时，一只羊可见几十甚至上百个囊泡，成串地悬挂在腹腔浆膜上，并可见局限性腹膜炎。

诊断：只有在尸体剖检或宰后检验时，对本病才可以做出确诊。

任务七　羊的普通病

一、口炎

又名口疮，是口腔黏膜的炎症，包括舌炎、腭炎、齿龈炎、唇炎等。以流涎、拒食为特征。有原发性口炎和继发性口炎两种。

病因：原发性口炎主要是由于采食粗糙、尖锐的饲料和异物，或误食了高浓度的刺激性药物或有毒植物，或维生素缺乏或不足等原因引起；继发性口炎是由于某些传染病，如口蹄疫、羊痘、羊口疮和霉菌感染等造成。

临床症状：病羊表现食欲减少，口内流涎，咀嚼缓慢，欲吃而不敢吃，当继发细菌感染时有口臭。卡他性口炎，病羊表现口黏膜发红、充血、肿胀、疼痛，特别在唇内、齿龈、颊部更为明显。水疱性口炎，病羊的上下唇内有很多大小不等的充满透明或黄色液体的水疱，有的水疱破裂，呈浅表性的溃疡。溃疡性口炎，在黏膜上出现有溃疡性病灶，口内恶臭，体温升高。上述各类型口炎可以单独出现，也可相继或交错发生。在临床上以卡他性（黏膜的表层）口炎较为多见。继发性口炎常伴随出现有关疾病的其他症状。

预防：搞好饲养管理，合理调配饲料，防止饲草饲料内混进尖锐异物、有毒的化学药品和有毒植物。对羔羊的饲养要特别注意饲料品质，饲喂青嫩柔软的干草，适当增加富含维生素（维生素B或维生素C）的饲料和多汁块根饲料，不喂质地粗硬或发霉变质的饲草料。

治疗：治疗原则是消除病因，加强护理，净化口腔，收敛和消炎。①消除病因。清除口腔异物，检查并治疗过长牙齿。②加强护理。给病羊柔软、富营养、易消化的草料；对于不能采食或咀嚼的病羊，应及时补液，或灌喂流质饲料。③净化口腔、收敛、消炎。轻度口炎病羊可选用0.1%高锰酸钾、3%硼酸水或食盐水反复冲洗口腔，洗后涂抹碘甘油，每天2～3次，直至痊愈为止。严重口炎除口腔的局部处理外，还应使用磺胺类药物或抗生素。

二、瘤胃臌气

瘤胃臌气多发生在春末和秋初季节。

病因：羊吃了易于发酵的多汁饲料，会产生大量的气体，如青绿嫩草、幼苗或块茎类等霉败后变质的饲料；羊吃了毒叶、毒虫，使胃机能减弱或麻痹，使瘤胃内气体不能正常排出。

症状：发病急速，食欲废绝，反刍和嗳气停止，肷窝膨胀至平满或凸出，紧张而有弹性，叩之鼓音，精神沉郁不安，弓背呻吟，四肢张开，头颈伸直，结膜略潮红，呼吸急促，脉搏加快。

治疗：①瘤胃按摩，用手按摩左胸部促使瘤胃蠕动排出气体。②生烟叶25～50克（干烟叶5～10克）搓软，塞进羊的舌根，让其自行吞下；十滴水10～15毫升灌服；薄荷水5～10毫升灌服；大蒜头3～5个捣烂，加酒半两及适量水灌服；鱼石脂2～6克加水200～400毫升，一次灌服。③病羊口内横卧一根柳木棒，最好撒上一层盐面，令羊舔食，迫使胃内气体渐渐排出。④瘤胃穿刺，可用16号针头在左肷部正中处刺入，慢慢放气。

三、瘤胃积食

瘤胃积食是瘤胃内胀满过多的食物，使瘤胃体积增大，胃壁扩张，功能紊乱的疾病。舍饲期的羊多发，放牧羊很少发生。

症状：病初表现减食，反刍嗳气少，常咩叫、呻吟，并呈现拱背、排粪尿姿势，粪干少且排出困难。出现腹疼症候群（回头顾腹，摇尾，踢蹴，起卧不安，打滚）。左腹胀大，手触瘤胃内充实、坚硬。重症者虽然体温正常，但腹部进一步胀大。黏膜发绀，呼吸困难，脉搏加快，并出现衰弱无力，颤抖，步态不稳，倒卧昏迷而死。

诊断：根据发生原因，过食后发病，瘤胃内容物充满而硬实，食欲、反刍停止等症状，可以确诊。但也易与下列疾病混淆，应注意鉴别。

1.前胃迟缓。食欲、反刍、嗳气减退或减少，瘤胃内容物呈粥状，常呈现间歇性瘤胃臌气。

2.瘤胃臌气。病情发展急剧，腹围显著膨大，瘤胃壁紧张而有弹性，叩诊呈鼓音。

3.创伤性网胃炎。神情忧郁，头颈伸张，站立和运动姿势异常；常出现周期性瘤胃膨气；网胃区触诊，疼痛明显；应用副交感神经兴奋药物，病情显著恶化。

治疗：①病情较轻者采用饮食疗法，加强护理。先禁食2天，给充足饮水，逐渐喂给柔软易消化饲料，适当牵走运动。随着病情好转恢复正常饲养管理。②瘤胃部腹壁按摩。方法同瘤胃臌气，但时间可稍长，每天2～3次。③药物治疗：原则是缓泻、制酵、促进瘤胃蠕动。缓泻制酵，可用硫酸镁60～100克（或人工盐100～200克），鱼石脂10克，加水一次灌服。兴奋瘤胃蠕动可采用酒石酸锑钾0.2～0.5克，加水一次灌服。中药可采用消食、理气、健胃方进行治疗。用中药大承气汤：大黄12克、芒硝30克、枳壳9克、厚朴12克、玉片1.5克、香附子9克、陈皮6克、千金子9克、青香3克、二丑12克，煎水，1次灌服。

四、前胃迟缓

羊有四个胃，依次是瘤胃、网胃、瓣胃、真胃，前三个胃又称“前胃”。前胃弛缓是指前胃神经兴奋性减弱，胃壁肌肉收缩力减弱，不能将胃内食物向后推送，继而腐败、发酵、产毒。舍饲羊多发。

病因：饲养错误是主要原因，如长期喂柔软易消化饲料和缺乏纤维饲料，或长期喂缺营养又具有刺激的饲料、长期饲喂品种单一的饲料及突然改变饲料种类和喂养方法，或运动不足、长途运输等。此外，在矿物质营养缺乏、饲料中毒、瘤胃膨气、瘤胃积食长期不愈及其他疾病过程中也可出现弛缓症状。

症状：急性前胃弛缓表现食欲逐渐减退，喜挑食或食欲停止，反刍减少或不反刍，前胃蠕动减弱，次数减少，粪便干硬，色深或排少量稀软粪便，口臭，口膜发炎；被毛粗乱，消瘦；常呆立、低头、喜卧；有的出现异食，体温、呼吸、脉搏无明显改变。治疗不及时随着病程延长变慢性，症状基本同急性，但时好时坏，食欲、反刍逐渐停止，有慢性瘤胃臌气，手触压左腹肷窝部有痛感，常卧地呻吟，日趋消瘦，衰竭死亡。

治疗：①消除病因，加强护理，给予消化的优质饲料。②按摩瘤胃部腹壁，方法同瘤胃积食。③兴奋瘤胃蠕动，抑制发酵。药物可用酒石酸锑钾，40～70公斤重的羊一只一次0.2～0.5克。也可用人工盐10～20克、龙胆酊10毫升、番木酊6～8克，混合一次灌服。也可用10%氯化钠40～70毫升，静脉注射。抑制发酵用鱼石脂10～15克，溶于500毫升温水中灌服。

五、皱胃阻塞

瘤胃积液，左下腹部显著膨胀，皱胃冲击性触诊，病羊感到疼痛而退让，腰旁窝听诊结合轻叩倒数第1～2肋骨弓，呈现叩击钢管的铿锵音。

预防：①加强饲养管理。如饲草、饲料过于粗硬，要经过加工处理再饲喂；供给充足的饲草饲料，防止羊只过饥后的贪食与暴食；逐渐更换饲草、饲料，避免羊只过食；要适当运动，促进胃肠蠕动。②对病羊要加强护理。及时停喂草料，待积食消化、反刍恢复后，才给少量易于消化的青干草，并根据恢复情况逐步增量；反刍正常后，方可恢复正常饲喂。治疗期间供给淡盐水，让其自由饮用。

治疗：原则是健胃消食，消积导滞，制止发酵，恢复前胃运动机能，纠正酸中毒，强心补液。具体措施为：①轻度积食。首先禁食，并进行瘤胃按摩，每次5～8分钟，每隔30分钟1次；或先灌服适量的温水，再按摩效果更好；也可用炒焦的神曲粉10～15克，一天分2次内服，具有消食化积作用。②止酵防腐。可用鱼石脂1～3克、陈皮酊20毫升，加水250毫升，1次内服。③清肠消导。可用液状石蜡100～200毫升，一次灌服；或内服硫酸镁或硫酸钠，成年羊50～80克（配成8%～10%溶液），一次内服；或盐类泻剂与油类泻剂并用。④纠正酸中毒。用5%碳酸氢钠注射液100毫升加5%葡萄糖注射液200毫升，静脉滴注。⑤强心补液。病羊心脏衰弱时，可用10%樟脑磺酸钠2～10毫升，一次皮下、肌肉或静脉注射。呼吸系统和血液循环系统衰竭时，可用尼可刹米注射液2毫升，肌肉注射。⑥中药疗法。大黄12克、芒硝30克、枳壳9克、厚朴12克、玉片1.5克、香附子9克、陈皮6克、神曲9克、炒麦芽10克、焦山楂10克、青皮9克、木香3克、二丑12克，煎水500毫升，1次内服。种羊发生急性瘤胃积食，若应用药物治疗不能达到目的时，宜迅速进行瘤胃切开手术，进行急救。

六、创伤性网胃炎、心包炎

创伤性网胃炎是羊只由于误食了金属尖锐异物，刺伤了网胃壁、心包所引起的一种疾病。

病因：由于混入饲料内的钢丝、铁钉、大头针、玻璃、缝衣针、铁片等尖锐异物被羊误食，进入网胃以后，因网胃的收缩，使异物刺破网胃壁所引起。如果异物较长，往往可穿透横膈膜，刺伤心包，引起创伤性心包炎。

临床症状：一般发病缓慢，初期无明显变化。病羊精神不振，食欲、反刍减少，瘤胃蠕动减弱或停止；行动小心，常有拱背、呻吟等疼痛表现，不愿走急转弯或下坡路；触诊网胃部，或用拳头顶压剑状软骨区时，发生疼痛、呻吟、躲闪；患羊站立时，肘关节张开外展，起立时前肢先起，体温一般正常，但有时升高。当引起创伤性心包炎时，病羊全身症状加重，体温升高，心跳明显加快，颈静脉怒张，颌下、胸前水肿；叩诊心区扩大，有疼痛感，听诊心音减弱，浑浊不清，常出现摩擦音及排水音。病后期常导致胸膜粘连、心包化脓和脓毒败血症。

诊断：本病临床特征不突出，一般病例都具有顽固性消化机能紊乱现象，容易与胃肠道其他疾病混淆。唯有仔细进行临床检查，结合病史进行论证分析，予以综合判定，才能确诊。诊断时注意调查饲养管理情况，结合病情发展过程，观察病羊的姿态和运动异常，以草料迟细、顽固性前胃弛缓、逐渐消瘦等特点进行诊断。有条件可用X射线透视检查，可做出正确诊断。

预防：清除饲料中的异物，严禁在牧场或羊舍内堆放铁丝、金属异物等。

治疗：①保守疗法。早期确诊后，成年羊用青霉素、链霉素，肌肉注射，每天2次，连用1周，在症状出现24小时以内效果较好。②用瘤胃取铁器吸取金属异物，同时配合内服抗生素治疗。③手术疗法。对价值较高的羊只，做瘤胃切开术取出异物。

七、感冒

感冒是羊因外感而发生上呼吸道急性症候为特征的疾病，常见于春秋气候变换时发生。羔羊易患。

病因：主要是天气骤变，保护不良，使羔羊外感风寒（或风热）引起，羊体质差，长途运输抵抗力下降也常是诱发因素。

症状：精神不振，耳耷头低，食欲反刍下降，大便干燥，结膜充血，怕光流泪，鼻流清涕，呼吸脉搏增加，体温升高，有时咳嗽打喷嚏。

治疗：病初加强护理并结合使用解热镇痛药物。如肌注复方氨基比林3～5毫升，或肌注30%安乃近3～5毫升，每天2次，连用3天。用柴胡注射液5～10毫升一次肌注，每天2次，连用3天。对病情较重羊只在解热镇痛的同时，防止继发感染，可用抗生素或磺胺类药物，连用3天。也可采用中药治疗，风寒感冒用荆防解毒散，风热镊目采用桑菊银翘散。

八、氢氰酸中毒

本病常见于吃了高粱和玉米幼苗、过食大量烂白菜叶后引起。

症状：发病急、病程短。患羊步态不稳，摇摇欲倒；卧地不起，口流白沫，呼吸困难，头颈伸直，张口喘气，眼结膜发绀，肌肉抽搐，心跳加速，体温下降，腹痛，神志不清，严重者昏迷不醒，瞳孔散大，最后窒息死亡。死亡之后血液鲜红，凝固不良，口腔带有血的泡沫，气管和支气管黏膜有出血点。

治疗：①5%～10%硫代硫酸钠溶液50～100毫升，静脉注射。②硫代硫酸钠3～5克，加水内服。

预防：加强管理，防止羊吃高粱、玉米幼苗。

九、旧尿中毒

羊喝了陈旧的人尿后，约半个小时开始出现腹胀，口吐白沫，眼结膜潮红、眼球突出，发出哀叫，步履蹒跚，四肢痉挛，呼吸急促，心跳加快，继则昏迷倒地死亡。

治疗：陈醋内服；升华硫黄5～10克加水内服。

十、有机磷中毒

有机磷中毒后，常表现出精神沉郁、不安，站立不稳，摇摇欲倒，有时突然倒地；食欲、反刍停止，全身肌肉颤抖，腹痛腹泻，呼吸困难，结膜发绀，瞳孔缩小，心跳加快，体温升高；严重者出现神经症状，呼吸麻痹窒息死亡。

治疗：0.1%硫酸阿托品皮下注射，成年羊4～8毫升，小羊3～5毫升。半小时后可重复注射。解磷定静脉注射，大羊1～2克，小羊酌减。

十一、马铃薯中毒

主要是用生马铃薯皮（尤其是发绿的）或腐烂的马铃薯喂羊时量过大，春季种马铃薯时，将发出的芽或腐烂的块根废弃后未加处理，被羊误食而中毒。

临床症状：羊发生马铃薯中毒时，体温正常或稍高。轻症时多表现流涎、瘤胃鼓胀，有时尚可出现腹痛，初便秘，后下痢甚至便血，精神沉郁甚至嗜睡，重症时以神经症状为主，在短期兴奋不安后，很快转入沉郁，进而后肢无力，共济失调，步态蹒跚，甚或四肢麻痹，呼吸困难，心脏衰弱，结膜发绀，最后昏迷，一般经2～3天死亡。此外，有些病例可在口唇周围、肛门、尾根、四肢的系凹部及母羊的阴道和乳房部位发生湿疹或水泡性皮炎。

治疗：①应立即停喂马铃薯，灌服食醋。②为减少马铃薯素的吸收及保护胃肠黏膜，可投服1%的鞣酸100～300毫升。③内服油类泻剂，促进胃肠内容物的排出。

十二、羔羊白肌病

羔羊白肌病又称肌营养性不良症，是由于体内微量元素硒和维生素E缺乏或不足而引起的一种代谢病，所以又称硒和维生素E缺乏症。以2～6周龄羔羊的骨骼肌、心肌及肝组织等发生变性、坏死为主要特征。

病因：本病的发生主要是饲料（草）中硒和维生素E含量不足，或饲料内钴、锌、银、钒等微量元素含量过高而影响动物对硒的吸收。当饲料、饲草内硒的含量低于0.05毫克千克时，就可发生硒缺乏症。维生素E是一种天然的抗氧化剂，当饲料保存条件不好，高温，湿度过大，淋雨或暴晒，以及存放过久，酸败变质，则维生素E很容易被分解破坏。庆阳地区属严重缺硒地区，羔羊发病率很高。冬天和早春缺乏青绿饲料时，母乳中缺少微量元素硒，易引发羔羊发病。本病呈地方性群发，而且依靠药物治疗不能控制病情。

诊断：病羊临床表现为运动无力，站立困难，卧地不起；以顽固性腹泻或下痢为主的消化功能紊乱；心跳加快，心律不齐及心功能不全，脉搏150～200次/分钟；体质衰弱，繁殖率低。剖检病死羊的基本特征为微血管损伤引起的渗出性素质，肌纤维的变性、坏死、出血，肝营养不良，淋巴器官发育不良及淋巴组织变性坏死；骨骼肌苍白，有斑块状坏死；心包积液，心腔扩张，心脏变形，颜色变淡，心肌萎缩、变性、坏死；肝肿大、质地脆等。据临床症状与剖检变化即可做出诊断。

预防：羔羊于出生后10天，皮下或肌肉注射0.1%亚硒酸钠注射液2毫升，间隔15天后再注射2毫升。注意注射开始日期最晚不得超过25日龄。加强母羊饲养管理，供给豆科牧草，对怀孕母羊皮下注射或肌肉注射0.1%亚硒酸钠注射液4～6毫升，能有效预防新生羔羊白肌病。

如果羊群中羔羊大批发病时，应及时分析饲料状况，并针对性补饲缺乏的物质。缺硒地区还可以投服硒缓释丸，把硒与其他金属混合，用物理方法压成一定的形状，投入瘤胃，使其缓慢释放硒元素，供给机体利用。

治疗：发病羔羊应立即皮下或肌肉注射0.1%亚硒酸钠5毫升（羔羊1～2毫升）、维生素E每千克体重5～20毫克（羔羊每只100～500毫克），每天1次，连用3～4天。同时适当配合使用维生素A、维生素B、维生素C及其他治疗方法。

十三、尿结石

引起尿结石（石淋）的主要原因是饲料中钙磷比例不平衡。多见于精饲料饲喂量较大，运动量和饮水量较少的公羊。

症状：发病初期表现为不排尿，腹痛，不安，紧张，踢腹，频有排尿姿势，起卧不止，甩尾，离群，拒食。后期则排尿时痛苦哞叫，尿中带血，甚至膀胱破裂。

预防：①配合饲料中钙磷比应保持2∶1。②精饲料中添加2%氯化铵或1%碳酸氢钠。③日粮中加入足量的维生素A。④供给足够的饮水。⑤加大食盐喂量，刺激羊多饮水。⑥注意尿道、膀胱、肾脏炎症的治疗。

十四、羔羊脐炎

新生羔羊脐炎是因新生羔羊脐带的断端受细菌感染而引起的脐血管及其周围组织发生的一种炎症。

病因：接产或助产时，脐带断端消毒不严格，羊舍及垫草不洁净而被污染，脐带断端被水或尿液所浸渍，或群居羔羊之间互相吸吮脐带等，均可使脐带遭受细菌的感染而发炎。

临床症状：根据炎症的性质和侵害部位不同，可分脐血管炎和坏死性脐炎。患羔羊脐血管炎时，病初脐孔周围组织发热、肿胀、充血，触摸有疼痛反应。脐带断端湿润，隔着脐孔处捻动皮肤时，可摸到手指粗细或筷子粗细的硬固状物。脐带残段脱落后，脐孔处湿润，形成瘘孔；挤压时，可挤出少量化脓的液体，常带有异常臭味。炎症常波及脐孔周围组织而引起蜂窝组织炎和脓肿。脐带残段脱落后，脐孔处可见有肉芽赘生，形成溃疡面，有脓性渗出物。有时病原微生物沿脐静脉侵入肺脏、肝脏、肾脏和其他脏器，引起败血症或脓毒败血症时，羔羊表现精神沉郁，食欲降低，体温升高，呼吸急促，脉搏增快等症状。

防治措施：脐部或周围组织发炎、脓肿时，脐周围先剪毛、消毒，再在脐孔周围皮下分点注射青霉素普鲁卡因注射液，局部涂5%碘酊和松节油的等量合剂。如脐内脐血管肿胀及周围有肿胀异常，应用外科手术刀切开排脓，并用过氧化氢、0.1%碘酊消毒。如患羊体温升高时，肌肉注射或静脉滴注抗生素。脐带坏死时，必须切除脐带残段，除去坏死组织，消毒洗净后再涂以碘仿醚碘酊。必要时可用硫酸铜或高锰酸钾粉腐蚀赘生肉芽，最后向创口撒布碘仿醚、磺胺粉。为控制感染，防止炎症扩散，应肌注抗生素。预防羔羊脐炎，应在母羊产前搞好卫生，保持羊舍通风、干燥，勤换垫草。接产时可用人工结扎脐带，以促其干燥、坏死、脱落，严格对脐带消毒。同时，要加强产舍卫生以及羔羊的护理，防止多数羔羊互相吸吮脐带。

十五、眼病

羊的眼病多发生于炎热和湿度较高的夏秋季节，多发生在一侧或两侧眼部，传染很快，多呈地方性流行，发病率可达90%～100%，但病死率很低。

临床症状：病羊流泪，怕光，眼睑肿胀，眼部有脓性分泌物，发病当天可见角膜浑浊，呈灰白色透明或乳白色不透明。症状一般先从角膜边缘开始，后向眼中央发展，最后可使视力完全丧失。

治疗：可用下列方法治疗。①用1%～2%硼酸水冲洗干净。②四环素眼药膏每天早晚各1次涂于眼中。③青霉素和链霉素各50万单位加蒸馏水10毫升冲洗，10毫升肌肉注射。

十六、乳腺炎

乳腺炎是乳腺、乳池、乳头局部的炎症，多见于泌乳期的绵羊、山羊。其临床特征为乳腺发生各种不同性质的炎症，乳房发热、红肿、疼痛，影响泌乳功能和产乳量。常见的有浆液性乳腺炎、卡他性乳腺炎、脓性乳腺炎和出血性乳腺炎。

病因：该病多因挤乳技术不熟练，损伤了乳头、乳腺体；或因挤乳工具不卫生，使乳房受到细菌感染所致。亦见于结核病、口蹄疫、子宫炎、脓毒败血症等过程。

临床症状：轻者不显临床症状，病羊全身无反应，仅乳汁有变化。一般多为急性乳腺炎，乳房局部发肿、硬结、热痛，乳量减少，乳汁变性，其中混有血液、脓汁等；乳汁有絮状物，呈褐色或淡红色。炎症延续，病羊体温升高，可达41℃。挤乳或羔羊吃乳时，母羊抗拒、躲闪。若穿透皮肤可形成瘘管。山羊可患坏疽性乳腺炎，为地方流行性急性炎症，多发生于产后4～6周。

防治措施：注意挤乳卫生，扫除圈舍污物，在绵羊产羔季节应经常注意检查母羊乳房。病初可用青霉素40万单位、0.5%普鲁卡因5毫升，溶解后用乳房导管注入乳孔内，然后轻揉乳房腺体部，使药液分布于乳腺中；或用青霉素普鲁卡因溶液将乳房基部封闭；也可用磺胺类药物治疗。为了促进炎性渗出物吸收和消散，除在炎症初期冷敷外，2～3天后可施热敷，用10%硫酸镁水溶液1000毫升，加热至45℃，每日外洗热敷1～2次，连用4次。对脓性乳腺炎及开口于乳池深部的脓肿，宜向乳房脓腔内注入0.02%呋喃西林溶液，或用0.1%～0.25%雷佛奴耳液；用3%过氧化氢溶液，或0.1%高锰酸钾溶液冲洗消毒脓腔，引流排脓。必要时用四环素族药物静脉注射，以消炎增强机体抗病能力。

十七、胎衣不下

胎衣不下是指孕羊产后4～6小时，胎衣仍排不下来的疾病。

病因：该病多因孕羊缺乏运动，饲料中缺乏钙盐、维生素，饮饲失调，体质虚弱所引起。此外，子宫炎、布鲁氏菌等也可使之致病。有报道，羊缺硒也可致胎衣不下。

临床症状：病羊常表现拱腰努责，食欲减少或废绝，精神较差，喜卧地，体温升高，呼吸及脉搏增快。胎衣久久滞留不下，可发生腐败，从阴户中流出污红色腐败、恶臭的恶露，其中杂有灰白色未腐败的胎衣碎片或脉管。当全部胎衣不下时，部分胎衣从阴户中垂露于后肢跗关节部。

治疗：①药物疗法。病羊分娩后不超过24小时的，可用垂体后叶激素注射液、催产素注射液或麦角碱注射液0.8～1毫升，1次肌肉注射。②手术剥离法。应用药物方法已达48～72小时仍不奏效者，应立即采用此法。宜先保定好病羊，按常规准备及消毒后，进行手术。术者一手握住阴门外的胎衣，稍向外牵拉；另一手沿胎衣表面伸入子宫，可用食指和中指夹住胎盘周围绒毛成1束，以拇指剥离开母子胎盘相互结合的周围边缘，剥离半周后，手向手背侧翻转以扭转绒毛膜，使其从小窦中拔出，与母体胎盘分离。子宫角尖端难以剥离的，常借子宫角的反射收缩而上升时，再行剥离。最后宫内灌注抗生素或防腐消毒药液，如土霉素2克，溶于100毫升生理盐水中，注入子宫腔内；或注入0.2%普鲁卡因溶液30～50毫升。③自然剥离法。不借助手术剥离，而辅以防腐消毒药或抗生素，让病羊胎膜自溶排出，达到自行剥离的目的。可于子宫内投放土霉素胶囊，效果较好。

十八、羊瘤胃酸中毒

羊只采食精料过多，导致精粗比例失调，致羊瘤胃酸中毒。

临床症状：通常在进食大量精料后6～12小时出现症状。整个病程，病羊由兴奋甩头到抑郁、低头、垂耳，多数体温正常，少数发病初期或后期体温稍有升高，食欲废绝，呈现严重脱水症状，表现口渴，喜饮水，尿少或无尿，并伴有腹泻症状，致腹部不适，然后侧卧，不能起立，重者昏迷而死。病程持续12～18小时。急性发作病羊，常于发病后3～5小时死亡。

诊断：叩击病羔瘤胃部位，有震水声，眼结膜充血。左腹部臌胀用手触之感觉瘤胃内容物犹如面团。

治疗：在发现早期症状时，即灌服制酸剂（碳酸氢钠、碳酸镁等）。方法是取450克制酸剂和等量药用炭混合，加温水4升，胃管灌服，10毫升/千克体重，可同时灌服青霉素。当患羊出现兴奋、甩头症状时，可用20%甘露醇注射液或25%山梨醇注射液25～30毫升给羊静脉滴注，使羊安静。当症状减轻时，脱水症状缓解，但仍卧地不起时，可静脉注射10%葡萄糖酸钙注射液20～30毫升。肌内注射抗生素类药物。静脉注射生理盐水或5%葡萄糖氯化钠注射液500～1000毫升。

十九、羊的胃肠炎

胃肠炎是胃肠黏膜及其深层组织的出血性或坏死性炎症。

临床症状：大多躺卧，不愿行走，将头弯向侧方，眼半闭，眼球下陷，对周围事物无反应；鼻梁、耳根、角根、四肢末端变冷；食欲废绝，反刍停止；口腔黏膜发红、干燥，发臭；有时表现腹痛不安。

诊断：腹泻是胃肠炎的主要特征症状，常为持续性，有恶腥臭味，粪中有黏液、脓液和血液，但粪量不多，有里急后重现象；如不及时救治，病羊3～5天后往往发生严重失水和中毒，肠音初期增强至逐渐减弱或消失，不断排稀便或水样粪便，气味恶臭或腥臭，粪中混有血液及坏死的组织片，以致昏迷死亡。

治疗：用土霉素或四环素0.5克，溶解于生理盐水100毫升中，静脉注射。对严重腹泻病羊，可用抗生素及磺胺类药物，另外配合收敛剂如鞣酸蛋白或次硝铋。为防止胃肠内容物腐败，可选用内服0.1%高锰酸钾每天1～2次；或灌入淀粉浆，内加磺胺脒和碳酸氢钠。为吸附肠内有毒物质，可内服药用炭。失水严重时，也可用苦参1克/千克体重，研为细末，加水冲开一次投服，每天1剂；可用葡萄糖盐水或复方氯化钠溶液，亦或10%葡萄糖溶液静脉注射。

二十、羔羊消化不良

此病常因对羔羊的饲养管理不当，比如所饮用水和食物温度太低、采食过量乳汁精料，或采食品质不良饲料，导致其胃肠机能紊乱而引起的。也有的是因母羊妊娠后期饲养不良，导致羔羊胃肠机能欠佳所引起的。

临床症状：一般单纯性的消化不良，表现体温正常或偏低，食欲不佳，肚子发胀，腹泻，腹痛，粪便呈白色或灰绿色，并混杂有气泡及未消化的饲料碎片或凝乳块；严重时，卧地不起，精神沉郁，停食，呼吸心跳加快，便稀如水，并混杂黏液或血液，常很快死亡。中毒性的消化不良除上述症状外，还会表现一些神经症状，后期体温会突然下降。

诊断：表现不同程度的腹泻，站立时拱背，浑身颤抖，精神沉郁，体温偏低；腹围增大，触诊胃部有硬块。

治疗：为促进消化，可用乳酶生：羔羊每次2～4克，灌服，每日4次。促进内容物排出，可根据病情使用油类或盐类缓泻药。严重脱水时，可静脉注射5%葡萄糖氯化钠注射液，配合维生素C和能量合剂辅助治疗。当药物治疗效果不佳时，可减食或绝食1～2日，仅喂清洁饮水或配合止泻药物。停食后，开始再喂食时，应逐渐恢复，给予易消化的米汤或乳汁。中药治疗可选用健脾散、桩皮散等。

二十一、绵羊食毛症

绵羊食毛症多发生于冬季舍饲的羔羊，由于食毛量过多，可影响消化，严重时因毛球阻塞肠道形成肠梗塞而造成死亡。

近年来，由于限地放牧，常发生地方性成年羊食毛症。其临床特征为羔羊发生毛球阻塞幽门和肠道，表现不排粪、腹痛、肚胀、脱水；成年羊常在群中互相啃食被毛，大群羊被毛脱落，出现裸体羊。

病因：多数学者认为，该病与缺乏无机盐特别是微量元素铜、钴、镁有关；也有人认为，是羊的恶癖。发病区所处环境缺硫，导致牧草含硫量不足也是原因之一。可见于长期饲喂块根类饲料的羊群。

临床症状：初期，羔羊啃食母羊被毛，有异食癖，喜食污粪或舔土。当毛球形成，毛球横径大于幽门或嵌入肠道，使真胃和肠道阻塞，羔羊呈现消化不良、便秘、腹痛及胃肠臌气，严重者表现消瘦、贫血。成年羊食毛，常使整群羊被毛脱落，全身或局部缺毛。

防治措施：增加维生素或无机盐微量元素；加强饲养管理，改换放牧地；补饲家畜生长素和饲料添加剂，增喂精料。在病程中，清理病畜胃肠，维持心脏功能，防止病情恶化。

项目九　羊场粪污处理与利用

对羊场来说，主要废弃物是粪便。羊粪便中含有病原微生物、寄生虫、某些化学药物、有毒金属和激素等，若不及时科学地处理，不仅会恶化羊场的卫生环境，使羊感染疾病的概率增大，同时任意排放这些粪便也会造成农业环境的污染，传播疾病，从而严重危害到人类的健康。近年来，在处理家畜粪便、粪液等方面已经摸索了不少物理、化学、生物及其综合处理的方法，可利用各种高效率的设备，系统地处理畜牧场废弃物以达到净化的目的，并使这些废弃物做到物尽其用，在场内解决，有效地防止其对人畜健康造成的危害及对环境可能形成的污染。

一、羊粪尿的综合处理及利用

与牛粪尿相比，羊粪呈圆形颗粒状，一般较为干燥，较容易做到粪尿分离，这一特性也为粪的收集处理省去了不少麻烦。现阶段集约化养殖中漏缝地板的应用较为广泛，尤其在南方。科学的设计漏缝地板能有效地将羊的排泄物从地板缝隙中漏到下方承接粪尿的地面。之后可以进行水冲清粪，这种收集粪便的方法需要的人力少，劳动强度相对较小，劳动效率高，能频繁冲洗，从而保证羊舍的清洁和卫生。但用冲水清粪时也要注意冬季的保暖及防潮。此外还有一些能更加充分收集羊粪尿的方法和措施，包括修缮羊圈并间隔赶起羊群、用沙壤土及草木灰多次垫圈等。目前，粪便的处理与利用有以下几个途径。

（一）用作肥料

新鲜粪尿直接上地，也有经过腐熟后再施用的。

1.土地还原。就是将家畜粪尿作为肥料直接施入农田，羊粪尿是一种速效、微碱性的有机质肥料，含有丰富的氮、磷、钾等元素，适合各种土壤施用，一只羊全年可排粪750～1000千克，含氮量8～9千克，相当于35～40千克硫酸铵的肥效，可施用1～1.5亩土地。羊粪尿中含有许多微量元素等，不仅供给作物营养，还能增加土壤中有机质含量，促进土壤微生物繁殖，改良土壤结构，提高土壤肥力，明显提高农作物产量。

2.腐熟堆肥。就是利用好气性微生物分解畜禽粪便与垫草等固体有机废弃物，这种方法不仅能杀菌与寄生虫卵，还能使土壤直接得到腐殖质肥料，施用量也比新鲜粪尿多4～5倍。在处理过程中，由于有机物的好氧降解，堆制15～30天后，堆内温度可达50～70℃，可杀死绝大部分病原微生物、寄生虫卵和杂草种子。一般来说堆肥的场地要求是水泥地或铺有塑料膜的地面，也可在水泥槽中。将羊粪堆成长条状，高不超过2米，宽1.5～3米，长度视场地大小和粪便多少而定。堆积方法：先于比较疏松地堆积一层，待堆温达60～70℃时，保持3～5天。或待堆温自然下降后，将粪堆压实，而后再加一层鲜粪。如此层堆积至1.5～2米时，用泥浆或塑料膜密封。腐熟时水分保持在40%左右较适宜。为促进发酵过程，可在肥料堆中插入适当数量的通气管。密封2～3个月以后方可启用。

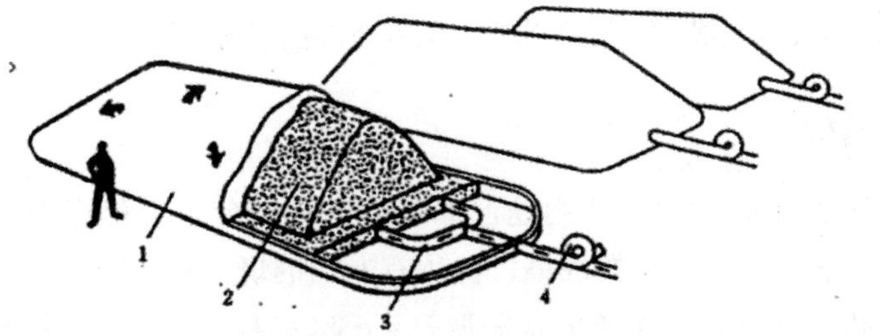

图9-1　有通风堆肥

1.表层为已腐熟的堆肥；2.粪便及生活垃圾；3.有孔的管道；4.风扇

3.制作有机肥料。通过粪便工厂化好氧发酵干燥处理，创造适合发酵的环境条件，来促进粪便的好氧发酵，使粪便中易分解的有机物进行生物转化，性质趋于稳定，利用好氧发酵产生的高温杀灭有害的病原微生物、虫卵、害虫，降低粪的含水率，从而将粪便转化为性质稳定、能储存、无害、商品化的有机肥料。

4.生产复合肥。经工厂化高温好氧发酵处理畜禽粪便，可得到蛋白质稳定的有机肥，为生产有机—无机型复合肥提供了良好的有机原料，与无机肥配制成复合肥，复合肥不但松软、易拌、无臭味，而且施肥后不再发酵，适合于盆栽花卉、无土栽培及庭院种植业。有机—无机复合肥既继承了有机肥养分全面、有机质含量高的优点，又克服了有机肥养分释放慢、数量不足、性质不稳定、养分比例不平衡的缺点，同时也弥补了无机化肥养分含量单一、释放速度过快、易导致地力退化和农产品质量下降的不足。

（二）发酵制沼

沼气发酵技术是实现农村废弃物资源化利用，改善环境，保护人类健康，促进生态农业建设的有效途径之一。利用家畜粪便及其他有机废弃物与水混合，在一定条件下产生沼气，可代替柴、煤、油供照明或作燃料等用。沼气发酵需要营养源、一定水分及适宜的温度。如在发酵过程中，由于羊粪不易下沉，在发酵结束时仍有部分羊粪浮于发酵液上面，使得这些羊粪不能充分地与料液中的微生物及各种酶类接触，不能被充分降解。如果在投料前，采取一些措施，如将羊粪捣碎等，可促进羊粪的下沉和降解。

（三）用作饲料

羊粪经过晒干、灭菌、除虫、去臭等一系列处理后，可作为其他动物的饲料，如猪、鱼等，降低养殖成本，提高羊的养殖效益。在喂料中以不超过20%为宜。

（四）其他

此外，羊粪还有其他一些用途，如在牧区大部分羊粪都作为了燃料，含水量在30%以下的羊粪可直接燃烧，但须有专门的烧粪炉；羊粪也可以用来进行生产发酵热，方法是将羊粪的水分调整到65%左右，进行通气堆积发酵而产热，温度可达70℃以上。在堆粪中安放金属水管，通过水的吸热作用来回收粪便发酵产生的热量。此法可用于畜舍取暖保温。

二、发酵床技术

目前发酵床技术在养猪业中利用较广，其技术比较成熟，我们可以借鉴类似的方法运用于羊场的粪尿发酵中。

（一）修圈保肥

羊圈也有利于粪肥的保护。羊在卧息时很少排粪尿，一旦由卧息而起立往往就会排粪尿。根据羊的这一习性，每当羊群在圈舍中的休息时间长时，中间可赶起2～3次，羊就会将粪尿排在羊圈中；出牧时先把羊群在圈内哄起停留或者运动一会，待大部分羊排尿后再出牧，这样可以多积肥。此外，对排在运动场上和过道的羊粪尿要及时清除收集，防止风干流失。

（二）合理垫圈

最常见的方法是用土垫羊圈，每次清圈后先垫10厘米厚的沙壤土，以后每隔2～3天垫一层，直到能盖上粪为宜。当圈舍内的粪层到50厘米时，一次全部起出，这样有利于保持羊圈清洁干燥，又可多积肥。夏天要勤垫勤起，最好用干的沙壤土垫圈。冬季最好用秸秆、杂草垫圈。羊吃剩下的草渣、杂草或秸秆都可垫圈，既可达到保暖、干燥的目的，还能吸收尿液，增加肥水和有机质。草木灰垫圈比秸秆和沙壤土更为优越，草木灰的保水作用比秸秆大3倍，不仅吸收氨的能力强，而且其自身也含有相当丰富的有机物，可以提高肥效。另外，草木灰还有消毒杀菌的作用。

三、粪污处理技术

（一）南方高床舍饲羊场粪污综合处理技术

南方地区由于气候潮湿，温度较高，尤其是夏季高温高湿，多数养殖场主要采用高床式养羊。高床式羊圈建设主要采用漏缝地板，这种方式具有干燥、通风、粪便易于清除等优点，可以大大减少羊疾病的发生。漏缝地板距离地面的高度为80～100厘米，板材可选用木条和毛竹片等，相互之间的缝隙宽度以1厘米左右为宜。在温度较低的地方或冬季，应在漏缝地板上放置木质羊床供羊躺卧。

高床式羊场污水收集系统一般由排尿沟、降口、地下排出管和粪水池构成。排尿沟设于羊栏后端，紧靠降粪便道，至降口有1%～1.5%坡度。降口指连接排尿沟和地下排水管的小井，在降口下部设沉淀井，以沉淀粪水中的固形物，防止堵塞管道。降口上盖铁网，防粪草落入。地下排出管与粪水池有3%～5%坡度。粪水池容积应贮积20～30天的粪污，距离饮水井不少于100米。高床式排污系统可提高劳动生产率，节省人力。粪便收集主要采取人工清粪方式，规模化程度高的养殖场采取机械方式清粪。高床养羊场，通常每周清粪一次，收集的羊粪进行集中堆积发酵处理，可施入草地或还田作为其他农作物肥料；羊尿及污水也可采用沼气池进行处理。粪污处理工程设施因处理工艺、投资、环境要求的不同而差异较大，实际工作中应综合环境要求、投资额度、地理与气候条件等因素进行规划和工艺设计。

（二）北方地区羊场粪污自然发酵处理技术

北方地区由于气候较南方干燥，所以圈舍内的羊粪含水量较低，羊粪在羊圈或运动场堆积20～30厘米后集中清理，也可定期或育肥羊出栏后一次性清理。养羊场羊粪通常采用机械或人工方法清理固体粪便，由于干粪直接清除养分损失小。青海农牧区，育肥羊场及规模化养羊户的羊舍及运动场中的羊粪可采用羊出栏后一次性清理的方式。在西北地区，多采用架子羊短期育肥方式，在整个育肥期内，羊的粪尿排泄在羊舍及运动场地面，经羊只的踩踏和躺卧后，呈粉末状，层层叠加，形成“羊板粪”，羊板粪在圈舍内的形成过程中经过了简单发酵，含水量低，待育肥羊出栏后，需要采用人工翻挖方法进行清理。“羊板粪”一次性集中翻挖后，可继续堆放一定时间，作为肥料进行农田利用。

附表

附表一　常用消毒药物

消毒药品	常用浓度	作　用	应用范围及用法
煤酚皂溶液（来苏水）	2%～5%	有杀菌作用，但对芽孢无效	羊舍、墙壁、地面、用具、粪便；1%～2%浓度可作手臂消毒
氢氧化钠（苛性钠、火碱、烧碱）	2%	有强大的杀菌和腐蚀作用，对病毒和芽孢、虫卵有很强杀灭作用	羊舍、墙壁、场地、器具、运输车辆、运动场、排泄场，加热效果好；对金属、织物、人体有腐蚀性
生石灰（氧化钙）	10%～20%	有杀菌作用，但对芽孢和结核分枝杆菌无效	墙壁、地面、污水沟、粪池等；10%～20%石灰乳喷洒或涂刷；现配现用
福尔马林（40%甲醛溶液）	2%～5%	对细菌、芽孢、真菌和病毒都有杀灭作用	2%的用于浸泡器械；3%～5%的用于羊舍、地面、墙壁、用具的喷洒消毒；配合高锰酸钾可熏蒸消毒（每立方米空间用福尔马林32毫升、高锰酸钾16克，放瓷质器皿中混合氧化熏蒸）
草木灰	10%～30%	对病毒有杀灭作用	被病毒污染的羊舍、场地、车辆、用具、排泄物；用20%～30%新鲜干燥草木灰热溶液喷洒洗刷消毒
过氧乙酸（过醋酸）	0.2%～0.5%	能杀死细菌、霉菌、芽孢和病毒	羊舍、地面、食槽用具等；可用0.2%～0.5%溶液喷雾消毒
百毒杀（双链季铵盐消毒剂）	0.03%～0.1%	对细菌、霉菌和病毒有杀灭作用	0.03%～0.1%溶液用于羊舍、用具等消毒；0.005%～0.01%溶液用于饮水消毒
高锰酸钾	0.1%～0.2%	对细菌、病毒有杀灭作用	用于黏膜、创面或饮水消毒，与福尔马林一起，可作甲醛熏蒸消毒
新洁尔灭（苯扎溴铵）	0.1%～0.2%	对细菌有杀灭作用，对芽孢和病毒无效	羊舍、用具消毒，也可用于手和皮肤的消毒，忌与肥皂、碘和碱等配合
酒精（乙醇）	75%	有杀菌作用，对芽孢无效	外用于手、注射部位、医疗器械消毒
碘酊（碘酒）	2%～5%	可抑制和杀灭细菌、霉菌和病毒，对芽孢无效	外用于皮肤、伤口、饮水消毒

附表二 羊常用抗微生物药物

药物名称	应用范围	剂量	用法	备注
青霉素钾	用于革兰阳性菌、阴性球菌、放线菌及螺旋体感染	2～3国际单位/千克体重	肌内注射，2～4次/天，连用3～5天	休药期14天
氨苄西林	用于革兰阳性和阴性菌感染	10～20毫克/千克体重；20～40毫克/千克体重	肌内或静脉注射，2～3次/天，连用3～5天；内服，2～3次/天	休药期14天
阿莫西林	用于革兰阳性和阴性菌感染	4～7毫克/千克体重；10～15毫克/千克体重	肌内注射，2次/天，连用3～5天；内服，2次/天，连用3～5天	休药期14天
硫酸链霉素	用于革兰阴性菌感染	10～15毫克/千克体重	肌内注射2～3次/天，连用2～3天	休药期14天
硫酸卡那霉素	用于革兰阴性菌感染	6～12毫克/千克体重	肌内注射2次/天，连用2～3天	休药期14天
阿米卡星	用于革兰阳性和阴性菌感染	5～7.5毫克/千克体重	肌内注射2次/天	休药期14天
硫酸庆大霉素	用于革兰阳性和阴性菌感染	2～4毫克/千克体重；5～10毫克/千克体重	肌内注射2次/天，羔羊内服2～3次/天，连用2～3天	休药期14天
盐酸土霉素	广谱抗生素	5～10毫克/千克体重；10～25毫克/千克体重	肌内注射1次/天，羔羊内服2～3次/天，连用3～5天	休药期14天
青霉素钾	用于革兰阳性菌、阴性球菌、放线菌及螺旋体感染	2～3国际单位/千克体重	肌内注射，2～4次/天，连用3～5天	休药期14天
氨苄西林	用于革兰阳性和阴性菌感染	10～20毫克/千克体重；20～40毫克/千克体重	肌内或静脉注射，2～3次/天，连用3～5天；内服，2～3次/天	休药期14天
阿莫西林	用于革兰阳性和阴性菌感染	4～7毫克/千克体重；10～15毫克千克体重	肌内注射，2次/天，连用3～5天；内服，2次/天，连3～5天	休药期14天

续表

药物名称	应用范围	剂量	用法	备注
硫酸链霉素	用于革兰阴性菌感染	10～15毫克/千克体重	肌内注射2～3次/天，连用2～3天	休药期14天
硫酸卡那霉素	用于革兰阴性菌感染	6～12毫克/千克体重	肌内注射2次/天，连用2～3天	休药期14天
阿米卡星	用于革兰阳性和阴性菌感染	5～7.5毫克/千克体重	肌内注射2次/天	休药期14天
硫酸庆大霉素	用于革兰阳性和阴性菌感染	2～4毫克/千克体重；5～10毫克/千克体重	肌内注射2次/天；羔羊内服2～3次/天，连用2～3天	休药期14天
盐酸土霉素	广谱抗生素	5～10毫克/千克体重；10～25毫克/千克体重	肌内注射1次/天；羔羊内服2～3次/天，连用3～5天	休药期14天
多西环素	广谱抗生素	2～4毫克/千克体重	羔羊内服1次/天，连用3～5天	休药期14天
乳糖酸红霉素	用于革兰阳性菌感染	3～5毫克/千克体重	静脉滴注2次/天，连用2～3天	休药期14天
诺氟沙星	用于革兰阴性菌、肠道、泌尿系统感染	10～15毫克/千克体重	羔羊内服1次/天，连用3～5天	休药期14天
磺胺嘧啶钠	广谱抗生药	50～100毫克/千克体重	静脉注射或肌肉注射1～2次/天；内服2次/天，首次加倍，连用3～5天	休药期14天
磺胺间甲氧嘧啶钠	广谱抗生药	50毫克/千克体重	静脉注射或肌肉注射1～2次/天，连用3～5天	休药期14天
病毒灵（吗啉胍）	抗病毒药，主要用于病毒性肠炎	10～15毫克/千克体重	肌肉注射2次/天	—
病毒唑（利巴韦林）	抗病毒药，主要用于呼吸道病毒感染及疱疹病毒感染	10～15毫克/千克体重	静脉注射或肌肉注射2次/天	—

附表三　羊常用抗寄生虫药物一览表

药物名称	作用范围	给药途径	使用剂量	注意事项
丙硫苯咪唑	广谱驱虫药，对线虫、绦虫、肝片吸虫均有良好效果	内服	10～15毫克/千克体重	妊娠45天内禁用；泌乳期禁用；屠宰前7天停药
左旋咪唑	广谱、高效、低毒驱虫药，对各种线虫均有极佳效果，红细胞体药	内服	7.5毫克/千克体重	泌乳期禁用；屠宰前3天停药
氯氰碘柳胺（氯生太尔）	广谱驱虫药，对吸虫、线虫及节肢动物幼虫均有效	内服；皮下注射	10毫克/千克体重；5毫克/千克体重	用药后28天禁止乳品上市；屠宰前28天停药
氯硝柳胺（灭绦灵）	驱绦虫药	内服	50～70毫克/千克体重	—
碘醚柳胺	驱吸虫药	内服	7～12毫克/千克体重	屠宰前60天停药
硫氯酚	驱绦虫、吸虫药	内服	75～100毫克/千克体重	—
硝氯酚（拜耳—9015）	驱吸虫药	内服；深部肌肉	3～4毫克/千克体重；0.5～1毫克/千克体重	用药后9天内羊乳禁止上市；屠宰前15天停药
吡喹酮	驱绦虫药	内服	10～35毫克/千克体重	—
贝尼尔	抗梨形虫及附红细胞体药	肌肉注射	3～5毫克/千克体重	屠宰前28天停药
黄色素	抗梨形虫及附红细胞体药	肌肉注射	3毫克（极量500毫克）/千克体重	屠宰前28天停药
阿维菌素	广谱驱虫药，对线虫、疥螨、蠕形螨、蜱及其他节肢昆虫效果均好	内服；肌肉注射	0.2毫克/千克体重	除线虫外，其他寄生虫需间隔7～10天再用药一次；屠宰前21天停药；泌乳期禁用
溴氰菊酯	广谱杀虫药	药浴喷淋	2克/100千克水；50克/100千克水	屠宰前7天停药
氯菊酯	广谱杀虫药	药浴喷淋	2克/100千克水；40克/100千克水	屠宰前7天停药
二嗪农（螨净）	广谱杀虫药	药浴喷淋	20克/100千克水；60克/100千克水	屠宰前14天停药

附表四 羊病常用疫（菌）苗一览表

疫（菌）苗名称	预防的疾病	保存及有效期	使用方法及用量说明	产生免疫时间	免疫期
口蹄疫O型、亚I型双价灭活苗	O型和亚I型口蹄疫	2～8℃避光保存，保存期1年	颈部肌肉注射1毫升，母羊分娩前4周接种1次，羔羊4月龄首免，5月龄强化免疫，以后每4个月接种1次	15天	4～6个月
山羊痘活疫苗	绵羊痘山羊痘	–15℃以下保存	尾根内侧皮内注射0.5毫升，每年9月前后免疫1次	4～5天	1年
II号炭疽芽孢苗	炭疽	2～8℃保存	皮下注射1毫升	14天	1年
羊三联四防苗	羊快疫、猝狙、肠毒血症、羔羊痢疾	2～8℃冷藏干燥处保存，保存期24个月	羊只不分大小一律皮下或肌肉注射5毫升	14～21天	羊快疫、猝狙、羔羊痢疾的免疫期1年，肠毒血症6个月
羊传染性脓疱皮炎活疫苗	传染性脓疱皮炎	–10℃以下保存，保存期10个月	口腔黏膜内注射0.2毫升，羔羊30日龄前后接种	4～5天	5个月
山羊传染性胸膜肺炎氢氧化铝苗	传染性胸膜肺炎	2～8℃保存，有效期18个月	皮下或肌肉注射：6月龄以上羊5毫升，6月龄以内羔羊3毫升，羔羊60日龄前后接种，以后每年5月、12月各接种1次，注射后14天产生免疫力。	14～21天	1年

参考文献

[1] 李建国，田树军.肉羊标准化生产技术[M].北京：中国农业大学出版社，2003.
[2] 道良佐.肉羊生产技术手册[M].北京：中国农业出版社，1996.
[3] 胡万川.养羊手册[M].石家庄：河北省科学技术出版社，1997.
[4] 李志农.中国养羊学[M].北京：中国农业出版社，1993.
[5] 田梅，夏风竹.高效养羊技术[M].石家庄：河北科学技术出版社，2014.